U0179785

浙江省普通本科高校"十四五"重点教材
中国大学MOOC和智慧树平台在线课程配套教材
国家级一流本科课程配套教材

知识图谱版

Chinese Tea Culture and Tea Health

中国茶文化与茶健康

王岳飞　周继红　陈　萍　主编

ZHEJIANG UNIVERSITY PRESS
浙江大学出版社
·杭州·

图书在版编目（CIP）数据

中国茶文化与茶健康 / 王岳飞，周继红，陈萍主编
. -- 杭州：浙江大学出版社，2023.4（2024.1重印）
　ISBN 978-7-308-22417-8

　Ⅰ．①中… Ⅱ．①王… ②周… ③陈… Ⅲ．①茶文化
－中国－教材②茶叶－关系－健康－教材 Ⅳ.
①TS971.21

中国版本图书馆CIP数据核字（2022）第040437号

中国茶文化与茶健康

ZHONGGUO CHAWENHUA YU CHAJIANKANG

王岳飞　周继红　陈　萍　主编

策划编辑	黄娟琴　柯华杰
责任编辑	黄娟琴　汪荣丽
责任校对	马海城
数字编辑	傅宏梁
营销编辑	蔡　镜
封面设计	程　晨
出版发行	浙江大学出版社
	（杭州市天目山路148号　　邮政编码　310007）
	（网址：http://www.zjupress.com）
排　　版	杭州林智广告有限公司
印　　刷	杭州捷派印务有限公司
开　　本	787mm×1092mm　1/16
印　　张	17
插　　页	1
字　　数	300千
版 印 次	2023年4月第1版　2024年1月第3次印刷
书　　号	ISBN 978-7-308-22417-8
定　　价	80.00元

序

茶为瑞草魁香，是国之嘉叶，更是融于日常的饮品。

中华文化源远流长、灿烂辉煌。在 5000 多年的文明史中孕育了大量优秀的传统文化和物质文明。"茶"作为物质与文化和谐统一的整体，承载着中华民族的精神智慧，更代表着东方独特的物质风貌。如今，茶滋养于中华民族生生不息、日益壮大的丰厚生命力下，成长于中国特色社会主义的文化沃土中，它不仅传承了中华优秀的传统文化，更是人类历史进程中不容忽视的一类物质文明。物质文化来源于生产技术，包括生产工具、劳动对象以及创造物质产品的具体过程。而茶作为一种物质文化形态，在中国乃至全球的经济、社会、金融、科技和市场的综合环境中，都发挥着影响经济与社会格局的巨大作用。这种物质文化并不单指茶作为一种"物质"的状态，更加强调茶作为一种"文化"的状态。

了解茶，首先应该从茶文化与茶健康两个维度全面、系统地学习。梳理茶文化是了解茶作为精神文明的入门方式，学习茶健康知识是纵览茶物质文化特质的具体抓手。两者相辅相成，不可或缺。近年来，随着茶学、茶文化学以及茶产业的创新发展和不断升级变革，茶产业与茶科学都得到了极大的发展。茶学成为全国各高校争相发展的特色学科之一。浙江大学作为其中的领军阵地，承担着系统、科学、严谨地传播茶科学与茶文化的重任。专家团队结合国家精品课程的内容大纲，在双一流学科建设的要求下精心打磨，多番修订，历经数年，这本《中国茶文化与茶健康》艰难玉成。

该书在知识内容上资料翔实、科学严谨，在行文叙述中文风流畅、深入浅出，是学习和了解中国茶文化与茶健康的经典读本和高校茶学教材的精品代表。该书作者，浙江大学茶学学科带头人王岳飞教授及诸位专家学者，长期从事茶叶科研、茶学教研、产业管理、政策引导、技术深耕、文化研究等工作，有丰富的理论与实践经验。编写团队有长期从事茶学教研的学者、资深的茶文化学研究前辈以及茶科技领域的一线专家。他们在教学研究的过程中系统梳理了各大茶类的历史脉络、发展过程、传统加工工艺的发展和创新等内容，并根据所取得的一系列科研成果指导了大量的生产、加工、教学工作。作者团队学风严谨，围绕文化和健康对茶相关资料进行了全面的调研、搜集、分析、梳理，材料可信、结论分明、深入浅出，是一本科学性强、适用性好、普及性广的茶学入门教材和读物。

《中国茶文化与茶健康》一书共 9 章，分别从历史、品种、茶类、品评、文化、践行、审美、健康、传播等方面全面阐述分析。其专业性和教学过程中所受的好评度，让本书的配套线上课程荣获省级一流线上课程、2020 春夏学期智慧树网混合式精品课程 TOP100、2020 秋冬学期智慧树网本科高校通识课程 TOP100 等荣誉称号。课程修习人数高达 20 余万，连续两学期位列全国农林园艺课程第一。我相信，无论从科技还是文化方面，本书都能够让读者更多地了解茶文化、茶健康的本真面貌，感受茶作为优秀中华文化和物质文明结晶的独特魅力。

大国之饮，为公济民。该书的出版必将有效推进茶文化、茶健康的全面普及，促进中国茶学科的专业建设，引领茶文化和茶产业走向辉煌。

刘仲华

中国工程院院士

湖南农业大学学术委员会主任

2023 年 2 月

前 言

茶，是一片神奇的东方树叶，从一味解毒的药方，到一杯醇厚的香茗，走过数千年的历史长河而始终盛行不衰。中国是茶的故乡和茶文化的发源地，历久弥新的茶香让无数文人墨客争相吟诵，引王公贵族与平民百姓品茶成风。党的二十大报告中提出了"中国式现代化是物质文明和精神文明相协调的现代化"的深刻内涵，强调了"推进文化自信自强，铸就社会主义文化新辉煌"的战略任务，为新时代中华优秀传统茶文化的创造性转化和创新性发展指明了发展方向。

茶，是一条东西方文明的纽带，从茶马古道到丝绸之路，从僧侣传道到贸易往来，满足了世界对东方古国的想象。茶是中国与世界人民相知相交的重要媒介，也是文明互动演进的生动佐证。2022 年 11 月 29 日，"中国传统制茶技艺及其相关习俗"成功列入联合国教科文组织人类非物质文化遗产代表作名录，茶已成为"茶叙外交"的国家名片，沿着对外交流和经贸往来的桥梁，滋润影响着更多热爱茶饮的世人。

茶，是中华文化的一个载体，从精工巧艺到美水佳器，从茶道传承到产业振兴，展现着传统与创新的蓬勃之姿。习近平总书记高度重视中国茶的创新发展，多次到茶区、茶企考察调研。2021 年 3 月，习近平总书记在福建武夷山考察时，强调"要统筹做好茶文化、茶产业、茶科技这篇大文章"。目前，全国有 1085 个产茶县和 3000 多万的茶农，中国茶继承传统，探索新路，在"文化强国""乡村振兴"等国家战略下迎来了黄金机遇。

知往鉴今，以茶为媒，本书深入贯彻落实党的二十大精神，融合了传统茶文化和现代茶科学，系统阐释茶的文化内涵和健康价值，讲好新时代的中国茶故事。同时充分借助"互联网＋教育"的优质资源共享性，以线上一流课程"中国茶文化与茶健康"作为配套数字资源。该课程于 2019 年在中国大学 MOOC 和智慧树平台上线，5 学期累计选课人数超 20 万人，为茶文化与茶健康知识拓展提供综合性、系统性的学习指导。

课程建设和教材编写得到了浙江大学、浙江农林大学、中国国际茶文化研究会、中国农业科学院茶叶研究所、浙江素业茶叶研究院、浙江大学出版社等单位的鼎力支持，同时感谢浙江素业茶叶研究院朱晓芸、周锦玉茶艺师的茶艺演示与讲授，感谢浙江大学程刚、余琼瑶、刘雪儿、吴狄、董燕茹、王华杰、丁乐佳、施羽萱、潘仟虹、屠琳玥等师生提供的资料以及对书稿的修订，也感谢每一位为书稿编写付出精力和做出贡献的专家学者与茶人朋友。

限于编者水平与时间匆促，书中纰缪恐难避免，恳请广大读者批评指正。"盖人家每日不可阙者，柴米油盐酱醋茶。"让我们从一杯茶开始，一起开启茶文化与茶健康的探寻之旅吧。

编者
2023 年 2 月

目　录

第一章

一片树叶的历史变迁

神农尝茶的典故，
茶的解毒功效

"达摩禅定"的故事，
茶的提神醒脑功能

从一枝独秀到天下馨香的中国茶

递进　属种　实例　实例

元、明、清茶叶概况　中国茶与世界的贸易关系　**源自中国的茶树之本**

属种　实例

从紧压到松散的缤纷茶世界　茶圣陆羽的故事

递进　中国是茶的故乡原因

极品艺术的斗茶皇帝和国度　递进

发乎神农的中国饮茶

中华茶文化的确立　共生　递进　精准扶贫的重要抓手

属种　实例　属种　实例

黄金时代的盛唐茶文化　**茶为比屋之饮闻于天下**

递进　递进

茶的药用、食用、饮用与品用　**茶之为饮的发展变迁**

什么是茶文化　实例

递进　并列　共生　递进　以茶代酒的典故

人类与茶最初的亲密接触　属种　实例

递进　**茶文化的界定坐标**　茶文化解析

属种　实例　中国人饮茶方式的转变

茶文化早期传说中的价值　属种　属种　递进　吃茶——煮茶——泡茶

属种　递进　茶的文化核心内容

人类种植茶叶最早的记载　学习茶文化的意义

第一节　追根溯源识茶貌

关于茶的起源，包含两方面的内容：一是茶的植物学起源，即茶树作为一种植物，它何时在地球上出现，以及分布在世界哪些地方；二是茶的社会性起源，即茶作为一种植物性饮品，是何时被人们发现和利用的。

一、源自中国的茶树之本

关于茶的起源，经历了相当漫长的争论和论证，在很长一段时间里，人们认为茶起源于印度。1824年，英军少校勃鲁士在印度阿萨姆发现野生茶树；之后，很多西方人也在印度发现了野生大茶树；而且从1933年到2005年，印度是世界上最大的产茶国。因此，他们推断印度可能是茶的原产地。但是，现在越来越多的证据表明，中国才是茶的原产地，比较公认的说法是，中国西南地区（云、贵、川、渝）是茶树的起源中心，后来茶经西南古巴蜀地区，向长江中下游和东南沿海地区依次传播开来。也就是说，中国西南地区的云贵高原是茶树的起源中心。

源自中国的
茶树之本

中国是世界上最早发现并利用茶叶、最早人工栽培茶树、最早加工茶叶和茶类最为丰富的国家，也是世界茶文化的发源地。其理由主要有以下六点。

第一，中国西南部山区是世界上山茶科植物的分布中心，该地区的山茶科植物比其他任何国家分布得都多。全世界总共有24属380种山茶科植物，其中有16属260多种就分布在我国的西南部山区。

第二，中国西南部山区野生茶树数量最多。云贵高原地区已经发现的野生大茶树远多于印度。而且早在1200多年前，我国西南部山区就有野生茶树的相关记载。如今，中国已经有10个省份约200多个地区相继发现野生大茶树，其中70%集中在云南、四川和贵州，例如云南千家寨古茶树王（图1.1）。

第三，中国西南部山区的茶树类型丰富多样，有灌木型、小乔木型、大乔木型等不同形态，茶树叶子有大也有小，各种茶树品种在中国西南部山区都有分布。

图 1.1 云南千家寨古茶树王

中国西南部山区的野生茶树类型之多、数量之大、面积之广，是世界上罕见的，这恰恰是原产地植物最显著的植物地理学特征。

第四，中国是利用茶最早、茶文化最为丰富的国家。

第五，茶树最早的植物学命名，是瑞典植物学家林奈定义的——*Chea sinensis*，就是"中国茶树"的意思。目前世界上有关茶的发音有两种：一种是 Tea（英语），近似闽南语"茶"的发音；另一种为 Thé（法语）或 Thee、Tee（德语），也都是从"茶"的中国地方方言中演变而来的。

第六，云南、贵州一带的茶叶成分最原始，这一带的茶叶生化成分特征也证实了茶起源于中国。以儿茶素为例，儿茶素作为茶树新陈代谢的主要特征性成分之一，可分为简单儿茶素（非酯型儿茶素）和复杂儿茶素（酯型儿茶素），从进化角度来看，后者是在前者的基础上演化而来的。生化分析结果表明，我国西南部山区野生大茶树的简单儿茶素比例高于其他地区，更接近原始茶树。

此外，1980 年在贵州省晴隆县与普安县交界的云头山发现的茶籽化石，是世界上迄今为止发现的唯一的一枚茶籽化石（图 1.2）。据中国科学院南京地质古生物研究所测定，该化石距今 100 多万年，这一发现进一步证明了中国西南地区是茶树的发源地。

以上六个方面的事实都证明：茶树起源于中国，中国是茶的故乡。

图 1.2　茶籽化石

图 1.3　神农尝茶

二、发乎神农的中国饮茶

（一）茶树的起源时间

发乎神农的
中国茶饮

从生物进化史来看，茶树所属的山茶科是比较原始的一个种群，它的起源时间至今已有 4000 多万年，甚至有的记载是 6000 多万～ 7000 多万年。此外，发现和利用茶树的时间也很重要。普遍认为，人们发现和利用茶是在原始母系氏族社会，迄今已有 5000 ～ 6000 年；而在没有文字记载的上古时期，我们的祖先可能也已经发现和利用茶了。浙江大学庄晚芳教授认为，人类发现和利用茶可能超过 1 万年，几乎和人类的文明史同步。

（二）茶的发现者

关于谁最早发现和利用茶，素来有许多传说，其中有两个最为经典。一个比较著名的传说是，"神农尝百草，·口而遇七十毒，得茶以解之"。传说神农一生下来就是一个"水晶肚"，他的肚皮是透明的，五脏六腑和吃进去的食物都能看得见（图 1.3）。一旦吃到有毒的食物，他的肠子就会变黑。这一时期，人们经常因乱吃东西而生病，甚至丧命。为此，神农跋山涉水，尝遍百草，找寻治病解毒的良药，以救百姓之命。有一天，他吃了 70 种有毒的植物，肠子变黑了；后来他又吃了另外一种叶子，竟然把肠胃里其他的毒都解了。神农把这个叶子叫作"查"，音同我们现在所说的"茶"。可见，茶最早是作为药用引入的，具有解毒的功效。

另一个比较著名的传说是,《大英百科全书》里记载的"达摩禅定"的故事（图1.4）。传说六朝时期,达摩自印度出使中国,立下九年面壁禅定的誓言。前三年,达摩如愿以偿,但终因体力不支而陷入熟睡。醒来以后,达摩怒极割下眼睑,不料被割下的眼睑在地里竟生出小树,枝繁叶茂。他将叶子采下来,置于热水中浸泡后饮用,能够消睡。最终,达摩兑现了九年禅定的誓言。这个传说说明茶具有提神醒脑的功效。

　　总的来说,"茶之为饮,发乎神农氏,闻于鲁周公",兴于唐,盛于宋,元、明、清百花齐放,盛极一时,发展至今,被推为中国的国饮。中国茶类之多、饮茶之盛、茶艺之精妙,堪称世界之最。

三、茶为比屋之饮闻于天下

（一）饮茶范围遍布世界

　　茶在当今遍布五大洲。世界上有60多个国家（地区）种茶,160多个国家（地区）的人在喝茶,30个国家（地区）能够稳定地出口茶叶,150多个国家（地区）常年需要进口茶叶。世界上约有一半人,每天至少喝一杯茶。中国的饮茶人口大约有5亿人。可以说,茶叶是非常受欢迎的,而且几千年来,经久不衰。欧美人认为,茶是一种可以让人产生智慧的饮料,对思考问题、写作乃至朋友交谈时保持良好的气氛都有帮助。

图1.4　达摩面壁

（二）茶对生活的影响

中唐以后，茶已经成为人们生活的一部分，家里一日不可无之物，所谓"开门七件事：柴米油盐酱醋茶"。直到今天，在偏远的少数民族地区，如青海的牧民仍是"宁可三日无粮，不可一日无茶"，他们需要茶叶消耗体内的剩余脂肪。"柴米油盐酱醋茶"是指物质层面的，而"琴棋书画诗酒茶"是指一种精神食粮、一种修养、一种人格力量、一种境界。"客来敬茶，以茶待客"已经成为中华民族的一种传统礼俗风尚。因此，茶不光是一种饮料，更多的是一种精神象征。历经千年，茶已经渗透到我们生活的各个层面。

茶为比屋之饮闻于天下

茶已经成为中国的国饮，它不仅仅是天然保健饮品，更是世界饮料之王。中国是全球最大的茶饮料生产国和消费国。茶饮料已经成为中国乃至世界上仅次于水的第二大饮料，是一种健康的天然的饮料。

（三）茶是典型的中国文化符号

茶既是典型的中国文化符号，也是实施国家战略的重要推手。2017年5月，习近平总书记向在杭州召开的首届中国国际茶叶博览会致贺信说："中国是茶的故乡，茶叶深深融入中国人的生活，成为传承中华文化的重要载体。从古代丝绸之路、茶马古道、茶船古道，到今天，丝绸之路经济带、21世纪海上丝绸之路，茶穿越历史、跨越国界，深受世界各国人民喜爱。"①

（四）茶是产业扶贫—精准扶贫的重要抓手

茶是产业扶贫—精准扶贫的重要抓手，一片叶子富了一方百姓。中国是茶的发源地，好山好水出好茶。茶美了环境，兴了经济，富了百姓。茶叶在中国已形成一个产业，是山区人民重要的经济来源。据中国茶叶流通协会统计，2021年中国有19个省（自治区、直辖市）1085个县产茶，3000多万茶农靠茶吃饭。做强中国茶产业是推进农业供给侧结构性改革的重要内容，是助力乡村振兴的重要途径之一，也是发展现代农业的重要任务。

---

① 王国锋，余勤. 习近平向首届中国国际茶叶博览会致贺信 车俊致辞 韩长赋作主旨演讲 袁家军出席 [EB/OL]. (2017-05-19)[2023-02-01]. http://www.chinadaily.com.cn/interface/zaker/1142841/2017-05-19/cd_29421702.html.

四、茶之为饮的发展变迁

茶是如何从一片树叶，逐步演变成我们今天所熟知的这些琳琅满目的茶叶的呢？茶叶被认识和利用的过程，主要分为四个阶段：第一个阶段是作为药用；第二个阶段是作为食用（图 1.5）；第三个阶段是烹煮饮用；第四个阶段就是现在流行的冲泡品饮。茶从药用、食用到饮用，再到品饮是一个渐进的过程。

茶之为饮的
发展变迁

嚼食鲜叶

生煮羹饮

制干收藏

原始饼茶

图 1.5　茶叶的食用方式

（一）从药用到食用

秦汉以前，在药用的基础上，人们逐渐将茶鲜叶当作菜直接咀嚼食用，或生火做成羹饮以及祭品，因此，茶渐渐变成了药食两用的植物。

然而，嚼食茶鲜叶有非常明显的弊端，最直接的就是不好吃。新鲜的叶子直接咀嚼比较生涩，而把它煮熟了口感会更佳，称之为"生煮羹饮"。唐代杨晔在《膳夫经手录》中记载："茶，古不闻食之，近晋宋以降，吴人采其叶煮，是为茗粥。"这里的"茗"是古时候对茶叶的称呼，"茗粥"指烧煮的浓茶，像煮菜汤一样，味道确实比直接嚼食鲜叶好了很多。

（二）从食用到饮用

"生煮羹饮"仍存在很大的弊端——茶鲜叶很容易腐坏，不利于保存、运输。因此，人们将茶鲜叶通过晒、烤、蒸、炒、焙等方式制作成干茶，这样茶叶就可以长期储存了。然而干茶特别脆，体积也相对较大、易碎，为此，人们又将茶叶压制成了茶饼。三国张揖所撰的《广雅》里记载，"荆巴间采叶作饼，叶老者，饼成以米膏出之"，把采摘下来的茶叶和米膏混在一起，增加它的黏合性，制成茶饼。

自隋唐经宋朝至元明清，茶饼也经历了许多变迁。

1. 隋唐

隋朝的统一带来了社会经济的发展，也促进了茶产业的发展。唐朝茶饼的加工方式已经非常成熟，可以概括为"采、蒸、捣、拍、焙、穿、封"：将采下的茶鲜叶放入甑釜中蒸，蒸软后用杵臼捣碎，再放到不同形状的模具（如方形、圆形、花形等）里拍压成型，最后烘干。一般我们看到的隋唐时期的茶饼中间会有一个小孔洞，这是为了穿起来方便携带运输。这一时期的品饮方式主要为"庵茶"，指的是将磨好的茶粉置于瓷器中，用沸水冲泡，还可佐以姜、葱、枣等进行调味；或将茶粉倒入水中烹煮，将煮好的茶汤分至碗中，趁热饮之。

2. 宋朝

到了宋朝，做工精细、附有龙凤纹饰的团饼茶——"龙团凤饼"，成为风靡一时的贡茶，有小龙、小凤、大龙、大凤的纹饰（图 1.6）。北苑的凤凰山设置了贡焙，专门用于生产龙团凤饼。宋徽宗赵佶的《大观茶论》记载，"本朝之兴，岁修建溪之贡，龙团凤饼，名冠天下"，描述的就是这样一种场景。

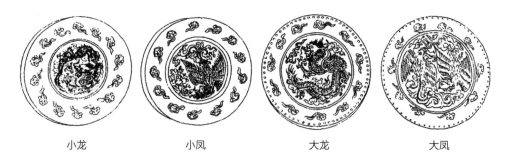

| 小龙 | 小凤 | 大龙 | 大凤 |

图 1.6　龙团凤饼

龙团凤饼的整个加工过程非常烦琐，其主要步骤为：先将鲜叶浸泡在水中，挑选出匀整的芽叶进行蒸青，以冷水清洗，用布包好放入小榨榨去水，小榨过后，放入大榨榨去茶汁，直到茶汁榨尽为止；然后将压榨过的茶放入陶瓷制成的研（盆）内加水研磨成尽可能细的粉末状，之后放入模子中，压制成型；最后烘干。品饮方法是：先将团茶磨成粉末，冲入少量沸水，搅拌均匀，再注入更多的沸水，用茶筅反复击打至黏稠起泡沫状时即饮。

工序越多，对茶本身滋味的破坏也就越大，经过榨汁、去水加工出来的团饼茶失去了很多茶叶本身的香气与滋味。为了更好地保持茶叶的香气与滋味，蒸后不揉、不压，直接烘干的蒸青散茶便随之出现了。《宋史·食货志》中记载："茶有二类，曰片茶，曰散茶。"其中，"片茶"就是我们所说的团饼茶。由此可见，在由宋及元时期，饼茶和散茶是并存的，但散茶主要是普通百姓的饮品，进贡给朝廷的还是工艺烦琐的龙团凤饼。

3. 元明清时期

贡茶制度进一步激化了各级官吏对茶农和茶工的剥削，造成了社会不稳定现象。明太祖朱元璋为了减轻农民的负担，削减奢靡之风，在洪武二十四年（1391年），下令"罢造龙团，唯采芽茶以进"，即废除龙团凤饼，改为进贡散茶；同时一并撤销了北苑的贡茶苑，不再设置皇家茶园，散茶开始大规模流行起来。

随着散茶的流行与普及，蒸青技术也越来越成熟，从原有的蒸青逐渐发展为炒青、烘青。炒青与蒸青相比，最大的优点就是香气更足，干热能更好地发挥茶叶的香气，也使得茶的口感更加浓厚、醇和。这种炒青制法在唐朝就有记载。到了元朝，茶叶的饮用主要还是沿用前人的煎煮法，但是直接以焙干的茶叶进行煎煮，不加或者少加香料、调料。明清时，炒青制法日趋完善，饮茶方式也进一步革新，由煎煮法改为撮泡法，即直接用沸水冲泡茶叶，以保留茶叶自然之味，这同如今人们的饮茶方式较为一致。

随着加工技艺的不断发展，茶叶的品类也越来越多，出现了各具特色的六大茶类，即绿茶、黄茶、黑茶、白茶、红茶和青茶，同时也有添加香料或香花制成的花茶，构成了现代茶分类的体系。

第二节　千载流芳知茶史

一、一叶双菩提——茶文化解析

可以用"一叶双菩提"来阐述茶叶的两面性：一面是物质形态；另一面是精神形态。物质形态和精神形态共同构成了茶的全方位知识。

一叶双菩提
茶文化解析

（一）茶文化的界定坐标

讨论茶文化，我们要有一个界定坐标。如果没有把茶文化放在坐标下，那么对茶文化就会有各种各样不同的解释。因而为了能给"茶文化"一个精准的、权威的解释，界定坐标就变得非常重要。

基于全球文化的精神性和多样性，讨论茶文化时，我们要知道中西方对"文化"的概念认识有所不同。20世纪初以来，全球关于"文化"的解释有200多条，西方总体是建立在比较中性的立场上来讨论民族的历史地理、风土人情、传统习俗、生活方式、文学艺术、行为规范等。而中国对"文化"的解释，是建立在人文教化的基础之上。

《周易·贲·彖传》解读："刚柔交错，天文也；文明以止，人文也。观乎天文，以察时变；观乎人文，以化成天下。"此处，人文教化经典的核心内容就是"文化"。因此，"文化"在中国人的眼中、在东方文化当中，含有"德"这个概念，可以定义为"人在造化中协助天地所进行赞誉的总和"。

因此，茶文化的界定坐标可以确定为：建立在东方文化的基础上，结合全球茶的文明精神形态的茶的文化综合形态。

（二）什么是茶文化

如果把"茶文化"放在东方文化的背景下，将"茶文化"学科核心内容纳入人文学科领域，那么"茶文化"可定义为"人类历史进程中创造的茶之人文精神的全部形态"。同时，因其学科的综合特征，茶文化学必然与自然学科领域中的茶学结合，以这两个学科为核心内容，与林学、农学、社会学、民俗学、医学、人类学、文学、艺术学、语言学、哲学、美学、历史学、心理学、经济学等诸多学科相互联系、相互渗透，构成跨学科的茶文化学复合形态。

（三）茶文化的核心内容

建立在茶之自然学科与人文学科复合形态坐标下的茶文化，其研究的对象当是人类历史进程中有关茶的社会与精神方面的一切文化事象。因此，茶文化的核心内容是建立在中国茶文化背景下的四个文化层面上，包括茶习俗、茶制度、茶审美与茶哲思。

1. 茶习俗

茶的习俗，是建立在人类日常生活基础的行为文化层面上，包括茶的生产和生活，其内容为劳动与人际交往中约定俗成的茶习俗，关键词是"柴米油盐酱醋茶"。它包括了各国、各地区、各民族之间的礼俗、民俗、风俗等形态。我们往往可以用民俗学、人类学、历史学、考古学、传统中医学、园艺学等学科的研究方法去观察其行为模式。

2. 茶制度

茶的制度，是建立在人类社会生活的制度文化层面上，内容包括人类在社会实践中组建的各种行为规范，涉及茶生产和流通过程中所形成的生产制度、经济制度，包括茶政、茶榷、纳贡、赋税、茶马交易，以及现代茶业经济和贸易制度，等等。

3. 茶审美

茶的审美，是建立在人类精神生活的审美文化层面上。关键词是"琴棋书画诗酒茶"。茶的审美层面包含茶文学、茶艺术、茶空间、茶器物、茶品牌、茶技艺、茶非遗等。这个层面是人类精神生活层面中更高的一个领域，因此，我们更多的是从美学、文学、艺术学、传播学等领域，去理解这一文化层面。

4. 茶哲思

茶的哲思，我们也可以解读为关于茶的信仰（包括宗教），是建立在人类精神活动孕育出的思维方式及文化层面上，是茶文化的核心，也是人类对茶的"形而上"价值观念的一个终极思考。其内容包括人类信仰、茶哲学观、茶科学观、茶历史、茶教育等方面，如茶禅一味、茶的宗教信仰；我们多从哲学、宗教学、历史学、教育学、自然科学史等诸多学科的视角出发去研究这一层面。

以上四个文化层面构成了茶文化的金字塔模式，即以茶习俗为文化地基、以茶制度为文化框架、以茶审美为文化呈现、以茶哲思为文化灵魂的茶文化知识体系。

（四）学习茶文化的意义

首先，学习茶文化是为了了解中国文化。没有什么植物比茶更能够象征中华民族，它是中华民族不可或缺的文化符号。

其次，学习茶文化是为构建人类命运共同体添砖加瓦。中国茶文化的核心价值在于和谐，这正是全人类选择的生活哲学，代表着社会的正面价值取向。我们从体悟与感知入门，引导和帮助人们进入茶与人类互动的情理教化通道。

最后，学习茶文化是为了创造一种有特殊性质的生活方式，即一种审美的、向人类精神更高层面去努力的生活方式。例如，美国人类学家克莱德·克鲁克洪在《文化与个人》一书中指出："文化如果得到正确的描述，人们就会认识到存在一种具有特殊性质的生活方式。"

二、人类与茶最初的亲密接触

陆羽《茶经·六之饮》中有一段话："翼而飞，毛而走，呿而言，此三者，俱生于天地间。饮啄以活，饮之时义远矣哉！"饮的意义非常深远。陆羽还说："茶之为饮，发乎神农氏，闻于鲁周公。"茶是神农氏发现并使用，从鲁周公开始传播而闻名天下，可知鲁周公也是茶文化史上举足轻重的人物。饮茶之事从鲁周公时代开始记载传播，依据为《尔雅》中的记载："槚，苦荼。""槚"，即茶的别称。除此以外，鲁周公还著有《礼》，得到孔子的极力推崇。因此，鲁周公除了是茶文化传播的第一人，他还被认为是儒学奠基人。

人类与茶最初的亲密接触

（一）人类种植茶叶最早的记载

南宋地理学家王象之在其地理名著《舆地纪胜》中曾说："西汉时有僧从岭表来，以茶实植蒙山。"这是后世典籍关于中国植茶年代的最早记载，当地一直都有西汉吴理真结庐四川蒙山亲植茶树的传说。吴理真的真实情况，在他生活的西汉时期的史书上并无记载，对其人存在情况的认定在学术上也持有不同观点。然而，后世的各类史志中多有记载西汉蒙山产茶，因此，关于植茶年代的推测是可以确证与可信的。

（二）茶文化早期传说中的价值

什么是传说？传说有几个解读：一是由神话演变而来的具有一定历史性的故事的名称；二是有关某人、某事和某地过去事迹的一整套的传闻；三是纯地方性的传说中的人类和历史的价值；四是在文字尚未发明的时代，人们要对历史做一些记录，只能通过口耳相传的方式。因此，传说并不是信史，不像后来的《二十四史》，是被史官正式记载下来的。然而无论是神话还是传说，都折射出了远古或者先民的一段历史，我们可以去倒叙、猜测、推理一些可能性，所以说这些传说及人物的更深层价值是在其文化层面上。

《尔雅》中关于茶的传说是有文化背景的。考古学家在浙江杭州的跨湖桥新石器时代遗址发现的一颗 8000 年前的茶籽化石、在贵州晴隆县发现的距今 100 多万年的茶籽化石以及在浙江余姚河姆渡出土的 6000 年前的古茶树根都可以印证；在《华阳国志·巴志》中还有记载，公元前 1046 年武王伐纣后，巴国用茶叶作为贡品进贡武王姬发。以上只是茶文化传说当中比较典型的代表，就像一面面镜子，折射出远古时代先民与茶生活的隐约身影。

三、茶的药用、食用、饮用与品用

两晋时期，茶从人的生理药用、食用、饮用和象征性的礼祭之品，开始向精神领域渗透。结合时代的精神思潮，中国茶文化开始在儒、释、道的精神领域里孕育诞生，呈现了"三位一体"的茶文化初相。

茶的药用、食用、饮用与品用

三国时，人们就已经发明了一种特殊的吃茶方法，叫"茗茶"，这是一种混吃的方法，即将茶末置于容器中，浇入热水，再加以葱、姜、橘子杂合，在锅里煮，由此便可制得。实际上这就是"茶粥"。而且当时"茶粥"已经作为商品在市场上售卖了。西晋傅咸（239—294 年）的《司隶校尉教》中记载："闻南市有蜀妪，作茶粥卖之，廉事打破其器物，使无为卖饼于市，而禁茶粥，以困老姥，独何哉！"从中可以看出，"茶粥"在当时颇受人们欢迎。

宫廷中还有"以茶代酒"的典故。《吴志·韦曜传》记载："孙皓每飨宴，坐席无不率以七升为限。虽不尽入口，皆浇灌取尽，曜饮酒不过二升，皓初礼异，密赐茶荈以代酒。"说的是三国时吴帝孙皓（242—284 年）每次设宴一定要让大家喝酒，但是他很欣赏的一个大夫韦曜（204—273 年）"饮酒不过二升"，孙皓就悄悄赐茶水以代酒。"以茶代酒"的故事说明当时吴国宫廷已经开始流行饮茶这一习俗了。

（一）儒家茶礼

儒家文化的核心是"礼"。礼，就是按照次序，顺应人情而制定的节制的标准。客来敬茶、以茶祭祀、以茶养廉，展示了人们的政治理想、文学情怀、生命体验和茶之间的关系。

客来敬茶，早已成为一种时尚。弘君举的《食檄》中记载："寒温既毕，应下霜华之茗，三爵而终，应下诸蔗、木瓜、元李、杨梅、五味、橄榄、悬豹、葵羹各一杯。"意思是说：客来寒暄之后，应该用鲜美的茶来敬客，三杯以后，就应该敬以蔗、木瓜、元李、杨梅、五味、橄榄、悬豹、葵羹所作的美羹各一杯。

以茶祭祀，南齐世祖武皇帝遗诏里说："我灵上慎勿以牲为祭，但设饼果、茶饮、干饭、酒脯而已。"与其说这是皇帝的节俭，不如说茶是高洁的。

以茶养廉，有很多典故。《晋中兴书》记载："陆纳为吴兴太守，时卫将军谢安常欲诣纳，纳兄子俶，怪纳无所备，不敢问之，乃私蓄十数人馔。安既至，所设唯茶果而已。俶遂陈盛馔，珍羞必具，及安去，纳杖俶四十，云：'汝既不能光益叔父，奈何秽吾素业？'"同时期还有一位著名的历史人物桓温，《晋书》记载："桓温为扬州牧，性俭，每宴饮，唯下七奠拌茶果而已。"

（二）佛教与茶

东汉初年，佛教传到中国，很快就与茶结下了不解之缘。佛教讲究禁律，即修身。我们从发生学上就可以看到茶与佛教的关系：饮茶是最符合佛教生活方式和道德观念的。

（三）道教与茶

道教认为，生命的最佳状态是"轻身换骨""羽化登仙"，"得道成仙"则离不开茶。东汉末年至三国时的医学家华佗在《食论》中提出了"苦荼久食，益意思"的论断，这是中国历史上关于茶的精神药理功效的第一次记述。《神农食经》记载："茶茗久服，令人有力、悦志。"壶居士《食忌》记载："苦荼，久食羽化。"陶弘景在其《杂录》中说："苦荼轻身换骨，昔丹丘子、黄山君服之。"

自汉而起的饮茶习俗，至三国两晋南北朝，渗入了更丰富的精神内涵。儒家以茶养廉，用个人的修养来推进道德准则，以茶对抗贵族的奢靡之风；文学家、辞赋家以茶激发文思、感悟茶性；道学家以茶升清降浊，对仙风道骨的修炼让茶进入养生领域；清谈家以玄学清谈将茶发展成酌茶会友；佛家以茶禅定入静，明心见性，茶禅一味的关系逐渐形成。因此，在中国饮茶史中，此阶段，尤其是两晋时期，人与茶之间的精神关系，是最为深邃而玄妙的。

四、黄金时代的盛唐茶文化

法相初具的"唐煮"，标志着鼎盛年华的茶文化兴起。"唐煮"，意味着唐代的茶是煮饮的，所以唐代的茶文化事项，也是围绕着这样一种茶的品饮方式展开的。从唐代开始，中国茶文化开始真正确立，到达了较为成熟的阶段。

黄金时代的盛唐茶文化

（一）唐代种茶产区

《茶经》中记载了唐代的茶叶产地，主要是当时的 8 个道，下属 43 个州郡，44 个县。此 8 个道的范围包括现在的湖北、湖南、陕西、河南、安徽、浙江、江苏、四川、贵州、江西、福建、广东、广西等地，除了云南以外，几乎涵盖了现今我国的各主要茶区。

（二）饮茶习俗广泛普及

唐代的茶有个特点，即以寺庙作为茶空间来延伸。到了中唐时，街巷、边疆、乡村、繁华的都市，都已经有很多茶空间了。从饮茶地域上看，中原和西北少数民族地区都已嗜茶成俗。饮茶地域性的消失，标志着饮茶文化逐渐转化为全国性文化。从饮茶人员上看，由于饮茶没有身份地位的象征，因此成为很多人的嗜好。

饮茶习俗的普及，还表现在佛教文化对茶传播的影响。唐代的封演在《封氏闻见记·饮茶》一文中就有描述："南人好饮之，北人初不多饮。开元中，泰山灵岩寺有降魔师，大兴禅教，学禅务于不寐，又不夕食，皆许其饮茶。人自怀挟，到处煮饮。从此转相仿效，遂成风俗。"记录了茶禅、茶风是如何影响世俗饮食的。

唐代重视茶叶的生产。在中唐时开始有了茶政的概念——茶政是茶叶行政管理的政策和措施。唐代初期，贡茶还是与征收各地名同时进行的；开元以后，随着皇室对茶叶需求量的增加和对品质要求的提高，专门生产贡茶的"贡茶院"形成了。唐德宗建中三年（782年），唐王朝正式开征"茶税"。虽然在征收过程中有过几次停征，甚至因为税收引发了一些宫廷政变，但总体来说从唐代开始，建立了国家和茶之间明确的经济关系。

（三）中华茶文化的确立

陆羽《茶经》中提出的"精行俭德"，当为中国茶道的核心理念，而中国茶道理念的创立，是唐代饮茶文化的最高层面。建立在儒、释、道三位一体精神事象上的中国茶道，确立了其独特的人文精神与教化规范，是茶文化的核心之所在。

唐代就有茶学的专著、文献以及茶文学的作品，已经建立了全方位的茶文化框架。茶文化的发生、发展都是在唐代这样一个庞大、瑰丽的框架上慢慢完善的。因此，唐代是中华茶文化的一个鼎盛时期。

五、极品艺术的斗茶皇帝和国度

两宋时期，茶文化处在其发展轨迹的精尖顶端，涵盖了辽、夏、金、北宋、南宋这样一个横向的大时代。北宋著名的改革家王安石曾说过，"夫茶之为民用，等于米盐，不可一日以无"。茶已成为人们生活中不可或缺的部分。

■ 极品艺术的
斗茶皇帝和国度

宋朝的茶文化呈现出以下几个特点：一是民族大融合带来品茶习俗的大传播；二是精神层面的承上启下，宋理学观念导致的内省方式渗透茗饮；三是茶的技艺分化，一方面是极度精美而进入奢侈，另一方面是散茶出现而进入平民化；四是茶礼、茶仪纵深向皇家茶与民间茶两端发展，市民茶文化亦不可遏止地兴起；五是茶与各类艺术门类有了全方位的结合。

（一）饮茶习俗大传播

宋代承唐代饮茶之风，的确到了登峰造极之地步。饮茶习俗的传播有几个特点。

其一，从中心到边疆——辽、金，更多地向四周发散。宋、辽在双方边境地区开展贸易，辽通过使者把茶带往北方，而宋使入辽，都要行茶、行汤，比如行饼茶、行单茶。茶在婚礼当中的作用也非常鲜明。例如，女真族开始在婚嫁中实行"下茶礼"，这是一种受茶文化影响的求婚仪式。

其二，从中间阶级扩散至宫廷与平民。从唐代的文人、隐士、僧人引领的茶文化时代，进入宋代皇帝身体力行的时代，前有皇亲国戚热衷参与，后有文士高人引领推动。从宋徽宗到苏轼、蔡襄等人，都特别喜欢喝茶，他们创作了大量的茶诗、茶词。宋代的百姓也做了大量茶的创新，茶饼、散茶、花茶同时出现。所以，饮茶不再是一个特殊阶层的专属，而是所有阶层都可以喝茶。

其三，市民茶俗大兴。宋代大量的集市涌现，不再划分商品交易市场，到处可买卖东西，茶坊随处可见，饮茶可增进友谊，进行社交，此风俗流传至今。

其四，饮茶环境的变化。真正的茶馆模式兴起铺开，民间文化重繁华热闹，有行角茶坊，也有创造仙人意境的仙洞、仙桥以及喝花茶的茶坊。

（二）宋代的茶叶经济

与唐代相比，宋代的茶区更往南方扩展，基本上已与现代茶区范围相符。唐代有 43 个州，八大茶区；而到了南宋，共有 66 个州，242 个县产茶。茶叶制作也有很大的改变，出现了三种品类的茶。

首先是片茶。也就是团饼茶，由北苑茶发展而来。团饼茶表面有龙凤纹饰，故也称作"龙团凤饼"。从开始一斤 8 个饼，变成 20 个饼。据记载，进贡皇室的龙团凤饼有 40 多种，如万寿龙芽、龙团胜雪、龙凤英华等。

其次是散茶（叶茶）。散茶在宋代开始出现，经过几个世纪的发展，最终在明代成为茶叶制作的主流。

最后是花茶。花茶是花与茶通过窨制而成，是茶叶制作史上一个非常重要的创造。

（三）饮茶方式大变化

宋代的饮茶习俗是天下人尽饮茶。饮茶方式则是从煮茶进入点茶时代，点茶是一种新的茶之品饮、审美方式。宋代流行的点茶法，是将茶碾碎成茶粉，置于茶盏中，以沸水点冲，并用茶筅击拂而成茶汤的一种技艺。

宋代茶文化的内涵技艺，堪称人类品茶艺术登峰造极的标志，其精妙繁复的程序所呈现的艺术品相，是后世直至今日也未能企及的。

六、从紧压到松散的缤纷茶世界

茶文化自两晋萌芽，唐成规模，宋以拓展，至元以降，明始复兴，清出国门，风貌辽阔而芜杂，从历史冲浪进入百舸争流。

■ 从紧压到松散
的缤纷茶世界

（一）元、明、清茶叶概况

元、明、清三个朝代，时间跨度700余年。这一时期饮茶方式趋于一致。总结这一时期的茶事主要有以下特点：一是制茶技术的革命带来茶类百花齐放，团茶让位散茶；二是品饮艺术的跟进，繁复的点茶演进为简约的冲泡，饮茶成为人人可行的风雅之事；三是中华民族以茶交融，边茶贸易更趋频繁；四是茶向海外冲击扩展，向世界输出中国茶与中华茶文化。

（二）制作技术的革命

茶叶在数千年的发展以后，呈现出百花齐放的品类。现代的六大茶类，在这个时期已基本形成——绿茶为不发酵茶，黑茶为后发酵茶，红茶为全发酵茶，青茶（乌龙茶）为半发酵茶，黄茶为轻发酵茶，白茶为微发酵茶。

经过元代过渡时期，明代正式由一位皇帝改变了饮茶的命运。洪武二十四年（1391年），朱元璋下令正式废除进贡团茶，《明太祖实录》记载，"诏建宁岁贡上供茶，听茶户采进，有司勿与。敕天下产茶去处，岁贡皆有定额。而建宁茶品为上，其所进者，必碾而揉之，压以银板，为大小龙团，上以重劳民力，罢造龙团，惟采茶芽以进，其品有四：曰探春，先春，次春，紫笋"。至此，散茶的时代到来——出现了很多名优茶，如碧螺春、黄山毛峰、武夷岩茶、君山银针、普洱茶、白毫银针、铁观音、祁门红茶、龙井茶等。

（三）茶具变革

制茶方式的改变也带来了茶具的革命。唐煮、宋点都有其相应的茶具，到了明代出现了典型的盖碗茶具。

盖碗茶具的"碗"，在唐代以前就有，而"盘"据说是唐代出现的，其实南北朝时期，茶的"托盘"概念和器具就已经有了。明代真正出现"盖"，形成了"盖碗茶"。文人一直赋予盖碗茶很多文化意义，如"天人合一"——盖子是"天"，托盘是"地"，中间的碗是"人"。盖碗直到今天，依然是我们喝茶时的一个重要器具。

图1.7　陆羽烹茶图

图1.8　斗茶图

此外，明代的茶具紫砂壶也开始盛行，炉子不再是从前拿来煎茶的，而是专门用于烧水的。很多的茶具不仅仅用于喝茶，还成为审美的一种载体，如紫砂壶中的曼生十八式、潮州工夫茶的茶具等。

（四）品饮方式的革新

唐宋虽有各种的雅集，但都不像明代的雅集，松散自由，无拘无束。如文徵明的《陆羽烹茶图》（图1.7）、《品茶图》《惠山茶会图》，唐寅的《品茶图》，刘松年的《斗茶图》（图1.8），丁云鹏的《煮茶图》等作品，都呈现出文人与茶的思想内涵。

明代饮茶的革新，是以散茶冲泡，将制作好的茶叶放在茶壶或者茶杯里冲入沸水后直接饮用，称为"瀹泡法"。明散茶冲泡的形成，与文人超凡脱俗的生活及闲散雅情是相吻合的。明清时期在饮茶方面的最大成就是对"工夫茶艺"的完善，体现在茶、水、火、器、冲泡、品饮等方面，是一种融精神、礼仪、沏泡技艺、巡茶艺术、品评质量为一体的完整的茶文化形式，发展至今，已成为中国人品茶的重要方式之一。

七、从一枝独秀到天下馨香的中国茶

　　中国茶开始大规模在海外传播，严格来说是从 17 世纪开始的。直至 19 世纪中期，中国几乎可以说是世界各国茶叶的唯一提供者，中国茶叶销售区域遍及欧洲、美洲、亚洲、非洲和大洋洲等各大洲。

▶️ 从一枝独秀到天下馨香的中国茶

（一）中国茶叶贸易的五个时期

　　中国茶叶的对外交流，可以追溯到公元四五世纪。中国茶叶对外交流有 1500 余年的历史，可分为以下几个时期：

　　第一个时期在公元 5 世纪至 7 世纪上半叶，是"以物易茶"为主要特征的出口外销，土耳其商人来中国西北边境以物易茶，被认为是最早的茶叶贸易记录。

　　第二个时期在唐宋之际，8 世纪初中国设"市舶司"管理对外贸易，也通过文化交流进行茶的输送。中国茶叶通过海、陆"丝绸之路"向西输往西亚和中东地区，向东输往朝鲜、日本。

　　第三个时期在明代，这是中国古典茶叶向近代多种茶类发展的开始时期，为清初以来大规模开展茶叶国际贸易提供了商品基础。

　　第四个时期在 17 世纪和 18 世纪，是中国茶与茶文化在海外交流的鼎盛时期。

　　第五个时期在当代，即 20 世纪中期以来，是中国茶叶重新振兴的历史阶段。

（二）中国茶与世界的贸易关系

1. 葡萄牙

　　15 世纪初，葡萄牙商船来到中国，进行通商贸易，由此茶叶开始进入西方商人们的视野。

2. 荷兰

　　虽然葡萄牙是最早接触中国茶的，但真正进入贸易状态的是荷兰。1606—

1610 年，荷兰人自现在的印度尼西亚来到中国澳门地区采购茶叶，贩回印度尼西亚的爪哇，转销欧洲，此为中国茶叶首次由欧洲人输往国外。茶叶在欧洲最初是以"药"进行销售的。有一位叫庞德尔的荷兰医生说："我建议我们国家所有的人都饮茶！如果有条件最好是每个小时都喝茶。最初可以喝十杯，然后逐渐增加，以胃的承受力为限。"由此可知，国外同样也是从药用开始理解中国茶的。

3. 英国

17 世纪中叶，葡萄牙公主凯瑟琳把茶带到了宫廷，将饮茶习俗带进了上流社会。18 世纪初，英国人几乎不喝茶，但到了 18 世纪末，英国人人都喝茶。茶毫无悬念地成为英国人的国饮，而且，价格也降到一百年前的 1/20。英国作家斯蒂尼·史密斯写诗赞美茶："感谢上帝，没有茶，世界便将暗淡无光，毫无生气。"

中英两国茶叶贸易往来，彻底改变了两个国家的命运。英国一直想和中国做茶叶贸易，但中国并不需要那些器具、钢琴，这就造成了极不平衡的贸易逆差。同时，英国人为改变现状，把中国茶引入了他们的殖民地，在印度、斯里兰卡、肯尼亚这些英殖民国家开始了茶的播种、生产和流行，以至于改变了整个世界茶的格局。

4. 俄罗斯

俄罗斯和英国一样，都是饮茶大国。中国茶最早传入俄国，据传是在公元 6 世纪时，由回族人远销至中亚细亚。五代时由蒙古人辗转运输茶，到了元代，蒙古人远征俄国，中国文明随之传入；到了明代，中国茶开始大量进入俄国。

1888 年，俄国人波波夫来华访问中国广东的一家茶厂，回国时聘请了以刘峻周为代表的茶叶技工 10 名，同时还购买了不少茶籽和茶苗。刘峻周等人用了 3 年时间，种植了 80 公顷茶树，并建立了一座小型茶厂。1896 年，刘峻周等人合同期满，回国前，波波夫托刘峻周再招聘一些技工，并采购茶苗、茶籽。1897 年，刘峻周又带领了 12 名技工携带家眷前往俄国，1900 年，他们在阿札里亚种植茶树 150 公顷，并建立了茶叶加工厂。

刘峻周于 1893 年应聘赴俄，到 1924 年返回家乡，三十年时间，他对俄国茶叶事业的发展做出了很大的贡献。苏联历史学家们曾为此撰专文以示纪念。

5. 瑞典

很长一段时间里，荷兰在欧洲引领了饮茶的风尚。17 世纪 30 年代，茶叶从荷兰传入法国，到 1650 年又由荷兰人贩运到北美以及瑞典。从此，瑞典开始进行茶叶贸易。其中，瑞典东印度公司的商船"哥德堡号"对中国茶叶的远销起到了重要作用。

6. 美国

茶叶最早进入北美是在 1650 年由荷兰人贩运的。这种来自东方的饮料，很快也得到了美洲人的喜爱。1773 年，美国爆发了"波士顿倾茶"事件，人们把英国殖民者运往北美的茶叶全部倒入了大海，由此引发了美国独立战争。

7. 亚洲国家

韩国与日本早在公元 10 世纪前就已经从中国引进茶种并开始种植。在 17 世纪的亚洲国家中，殖民地国家与中国茶之间，发生了千丝万缕的联系。印度是英国的殖民地，而英国一直想在喝茶这件事情上摆脱中国人的控制，于是，他们就把视线转向了印度。英国派出官员、使者将中国茶籽、茶苗不远万里运到印度进行栽种。

现在世界上有 60 多个国家（地区）种茶，有 100 多个国家（地区）的人民喝茶，这一基础都是在上述历史阶段铸就的。如今，茶不仅仅是东方的传统饮品，更是作为东西方共有的瑰宝影响全球。

 思考题

1.1 哪些证据可以表明中国是茶的起源中心？

1.2 描述历史上茶叶饮用方式的变迁。

1.3 为什么说宋代是饮茶文化、饮茶方式登峰造极的时代？

章节测试

参考文献

[1] 吴普等 . 神农本草经 [M]. 北京：中华书局，1985.

[2] 陆羽 . 茶经 [M]. 杭州：浙江教育出版社，2021.

[3] 克鲁克洪 . 文化与个人 [M]. 高佳，译 . 杭州：浙江人民出版社，1986.

第二章

缤纷的茶树品种初识

古茶树的树龄和保护

递进

主要古茶树介绍

茶树生长与生态环境

共生

茶树的生物学特性

递进

依赖

古茶树的定义

属种

品种概念

古茶树的定义与特点

属种

递进

黄茶品种

绿茶品种

共生

白茶品种

乌龙茶品种

并列 共生

并列 共生

并列 共生

红茶品种

黑茶品种

第一节　百草让为灵：认识茶树特性

一、茶树的生物学特性

（一）茶树的植物学分类

茶树是生长在亚热带的常绿阔叶木本植物，在植物学分类上属于山茶科（Theaceae）、山茶属 [*Camellia* L.]、茶组 [*Thea* L. Dyer]，与常见的山茶（*Camellia japonica* L.）、油茶（*Camellia oleifera* Abel）、茶梅（*Camellia sasanqua* Thunb）、金花茶（*Camellia chrysantha*（Hu）Tuyama）等同属于山茶属植物，但属于不同的物种。

▲ 茶树的生物学特性

山茶属植物的特点是：雌雄同花，自花不孕，花果同现（图 2.1），即在同一时间、同一株茶树上可以同时见到花和果，比较形象的说法是"抱子怀胎"，也就是说在结果的同时，又在为下一年开花结果进行授粉，这在其他木本种子植物中是罕见的。茶树花多为腋生，其他山茶属植物花多为顶生。茶树作为遗传物质载体的染色体基数 $n=15$，体细胞染色体 $2n=30$。

（二）树型与叶片形态

茶树从种子期到成年期一般需要 5～6 年，播种后 3～4 年就会开花，但一般不结果。自然生长的茶树按树型可分为三种：从基部到顶部有主干的称乔木型（图 2.2）；基部主干明显，上部主干不明显的称小乔木型或半乔木型；从根颈部开始分枝、无明显主干的称灌木型（图 2.3）。乔木型多半是原始森林中的野生型茶树，南方大叶茶树多为小乔木型，江南茶区和北部茶区几乎都是中小叶种灌木型茶树，因为这类茶树抗逆性最强。

通常所说的大叶种、中叶种、小叶种是按叶长 × 叶宽 ×0.7 ＝叶面积来划分的：叶面积 $\geqslant 60cm^2$ 为特大叶；$40cm^2 \leqslant$ 叶面积 $< 60cm^2$ 为大叶；$20cm^2 \leqslant$ 叶面积 $< 40cm^2$ 为中叶；叶面积 $< 20cm^2$ 为小叶。

图 2.1 茶树花果同现

图 2.2 乔木型茶树

图 2.3 灌木型茶树

图 2.4   长椭圆形叶片

图 2.5   椭圆形叶片

图 2.6   卵圆形叶片

茶树的叶形变异很多，一般以叶形指数（平均叶长／叶宽，测定叶片基部至叶尖长度、叶片最大宽度）来区分参照植物学叶形划分标准：

长椭圆形（图 2.4）长宽比为 3 ～ 4；

椭圆形（图 2.5）长宽比为 2 ～ 3；

卵圆形（图 2.6）长宽比为 1.5 ～ 2，最宽处不在叶的中部。

乔木型特大叶和灌木型特小叶茶树在自然界的占比不到 5%。用来加工茶叶的栽培品种以小乔木型大叶种和灌木型中小叶种为主。

（三）茶树芽叶

茶树枝条上的芽，依据生长部位分为顶芽和腋芽。顶芽生长于枝条的顶部，腋芽生长于叶片与枝条之间的腋部（夹角处）。茶芽按其属性可分为营养芽和花芽，用来加工茶叶的是营养芽。幼芽在越冬期间有鳞片包裹，使芽不受冻害。当春季温度达到 8 ～ 10℃时，茶芽就开始萌动，生长过程为：随着芽体膨大，鳞片脱落，先长出鱼叶，再长出真叶，依次长成一芽一叶、一芽二叶（图 2.7）、一芽三叶（图 2.8）、一芽四叶等，茶农常采摘芽和嫩叶用来加工茶叶。

1. 不同茶类采摘标准

西湖龙井、黄山毛峰、信阳毛尖、庐山云雾茶等名茶大多是采一芽一叶制成的。现在也有很多用单芽制成的茶叶，如浙江的开化龙顶、雪水云绿和四川的峨眉雪芽等。单芽茶 500g 干茶需要 5 万 ～ 6 万个芽头，特点是外形秀丽，毫香清鲜，但滋味比较淡薄，这主要是因为单芽的生化成分尚不充足，例如用一芽一叶制作的西湖"明前龙井"比用单芽做的"雀舌"就要香郁味醇得多。

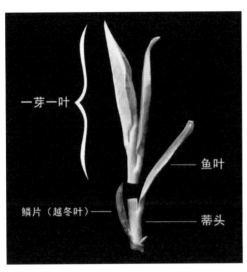

一芽一叶

鳞片（越冬叶）——

——鱼叶

——蒂头

图 2.7　春茶一芽二叶时期

图 2.8　一芽三叶

六大茶类对鲜叶采摘嫩度的要求是不一样的，名优绿茶要细嫩叶，大宗红绿茶要适中叶（一芽二三叶）。乌龙茶要开面叶，所谓开面叶指的就是对夹叶（图 2.9），也就是芽叶生长到一定程度不再生长，形成只有叶没有芽的状态。黑茶的原料一般比较粗大，比如云南普洱茶采摘的是一芽三四叶，湖北的老青茶和四川的南路边茶则是采割枝叶。白茶以单芽和一芽一二叶为主。

图 2.9　对夹叶

2. 顶端优势

植物生长都有顶端优势。在长江流域一带，茶树在自然生长的情况下，一年只发二三轮芽，但如果抑制顶芽，即将顶芽采掉，就会促使侧芽大量萌发，增加发芽轮次。因为叶片是茶树的营养器官，采摘对茶树来说是一种损伤，所以为了维持光合作用，茶树就必须长出新的芽叶。也就是说，采摘刺激了茶树的发芽，满足了人们对芽叶数量的需求。这就是人们通常所说的茶树"不采不发，多采多发"的道理。

茶叶采摘既是收获的过程，又是调节茶树生理机能的栽培措施，这意味着，采茶不仅关系到产量和品质，还影响到茶树的长势。比如，按标准该采的芽叶没有采下，影响产量；不该采的采下，叶面积减少，光合作用被削弱；不按标准采，芽叶大小、细嫩不一，影响加工品质。所以我们不能简单地将采茶看作普通的农活，应该处理好采与留、产量与品质的层层关系，俗话说采茶工"一手管三家"就是这个意思。

3. 芽叶对茶叶品质的影响

芽叶的茸毛与制茶品质有一定的关系。除了龙井茶等扁形茶不需要茸毛外（图 2.10），几乎所有的茶类都很注重茸毛（图 2.11），因此，茸毛是代表商品质量的重要标志。消费者一般认为，显毫表示茶叶幼嫩，但实际上并非完全如此。同一品种、同一地方的芽叶茸毛会随季节发生变化，春季第一轮芽叶茸毛最多，第二轮、第三轮逐渐减少。所以，需要显毫的茶类，如毛峰、毛尖、白茶要采摘春茶。芽叶茸毛与成品茶外形密切相关，但与香气滋味的关系不大。

芽叶的颜色有淡绿、深绿、绿、黄绿、紫绿、白绿、红、黄、白等（图 2.12）。不同色泽的芽叶适制不同的茶，如绿色芽叶适制绿茶，黄绿色或淡绿色芽叶适制红茶，黄绿色或紫绿色芽叶适制乌龙茶，红、黄、白色芽叶适制名优特色茶。同一品种、同一地方的芽叶色泽会随季节发生变化，春季呈现绿色或黄绿色的芽叶，到夏、秋季由于芽叶形成较多的花青素，常会变成紫绿或深绿色，所以名优绿茶都选用春茶制作。

图 2.10　无茸毛芽叶　　　　　　图 2.11　有茸毛芽叶

白叶茶　　　　　　　　黄叶茶　　　　　　　　　紫叶茶

图2.12　芽叶的颜色

二、茶树生长与生态环境

优良的茶树生态环境是获得优质高产和安全卫生茶叶的重要条件。

（一）土壤

土壤是茶树生长的基础。茶树所需要的养料和水分大多来自土壤。适宜茶树生长的主要有红壤、黄红壤、黄棕壤、褐色壤等。茶树对土壤的酸碱度非常敏感，只能生长在 pH6.5 以下的酸性土壤中（山茶科植物的共性），以 pH5.0 ～ 5.5 最适合。pH 小于 4.0 的强酸性土壤容易使土壤中的重金属铅等物质离析出来，被茶树吸收后会使芽叶中重金属含量升高。此外，优质高产的茶园要求土层厚度在 1m 左右，土质疏松，下层含有沙砾，土壤中的土粒、水、空气协调，即"三相比"为 50∶20∶30；在土壤化学性质方面，要求有机质含量应在 2% 以上，氮含量≥ 20mg/kg，钾含量≥ 100mg/kg，有较高含量的硼、锌、镁、铁、铜、钼等对芽叶品质有重要影响的微量元素，与较低含量的铅、铬、镉、砷、汞等重金属元素。

🎬 茶树生长与
生态环境

（二）温度

温度是茶树生长的基本条件。茶树春季发芽需满足连续 5 天日平均气温稳定在 8 ～ 10℃的条件。茶树生长温度为 10 ～ 35℃，最适宜温度为 18 ～ 25℃，这时茶树的各种酶活性最强，物质代谢最快，芽叶不仅生长旺盛，品质也最佳。气温超过 35℃或者低于 8℃，茶树就会停止生长。一般来说，春季温度较低，有利于芽叶中氨基酸和蛋白质的形成和积累，但茶多酚的合成较少，适合制绿茶；夏秋季温度较高，有利于茶多酚的合成和积累，适合做红茶。

种茶的地区要求 ≥ 10℃的年活动积温在 4000℃以上，年平均最低温度不低于 5℃，这样才有经济栽培价值，所以我国的茶树栽培区域主要在秦岭—淮河一线以南。当然在山东半岛等北方局部地区，采用设施栽培也可种茶。

（三）水分

水分是茶树最重要的组成部分，占总体的 55% ~ 60%，在幼嫩芽叶中可以达到 75% ~ 78%，因此生产 500g 干茶需要 2000 多克鲜叶。茶树不断采叶，新梢不断萌发，需要不断补充水分。适合种茶的地区，要求年降水量不低于 1000mm，生长季节的月降水量不少于 100mm。以杭州西湖茶区为例，其年降水量在 1500mm 左右，其中 3—9 月的降水量都在 100mm 以上，这种雨热同季的情况，非常适合生产优质茶叶。如果连续几个月降水量小于 50mm，茶树就要进行人工灌溉。我国北方地区之所以不宜种茶，除了温度低、土壤偏碱性外，还有一个重要的原因就是降水少。

我国南方大部分茶区总体上全年雨水充足，但各月分布不均，旱季出现旱害，严重影响茶树发芽，如 2019 年云南春旱，造成一些茶树干枯死亡，到了 4 月初，尽管温度已接近 30℃，但因为土壤过于干旱，所以芽叶生长缓慢。这种情况就需要进行人工灌溉。人工灌溉需要注意水的质量：一是水要呈弱酸性，不可用含盐量高的碱性水；二是不可用工业废水和生活污水。当然，水分过多也会造成湿害，如连续降雨或者雨量过大，茶园排水不良，会造成渍水，使土壤缺氧，根系在缺氧的情况下会丧失吸收功能，严重时导致茶树死亡。

（四）光照

茶树体内 90% ~ 95% 的干物质是靠光合作用形成的。春季光照较弱，有利于氨基酸和蛋白质的合成，而茶多酚的合成较少，对绿茶品质有利；夏秋季光照强，有利于茶多酚的合成，对红茶品质有利，但制绿茶会增加苦涩味。

茶树虽然是耐阴植物，但有着亚热带常绿植物的共同特点，即需要阳光照射，年日照时数不低于 1700 小时。日照时间长和光照充分的茶树叶片比较厚实，叶片表皮细胞和栅栏细胞多而密，叶色呈深绿或绿色。一般来说，在同一环境条件下，

图 2.13   遮阳茶园

叶片呈上斜状着生的光合作用效率高，这也是高产性状之一。

　　茶树适度遮光可以提高芽叶氨基酸的含量，对绿茶品质有利，比如抹茶需要 10 天左右的遮阳处理（图 2.13）。

（五）光谱

　　春季的蓝色光、紫色光、绿色光有利于茶树蛋白质、氨基酸、叶绿素的合成，对绿茶品质有利；夏秋季的红色光、橙色光有利于茶多酚的合成，对红茶品质有利。通常阴山坡和有遮阳的茶园多漫射光，对茶叶品质有利，使茶叶香幽味醇。高山茶区雨水多，湿度大，茶树形成的氨基酸、叶绿素和含氮芳香物质比较多，茶多酚相对较少，这就是高山出名优绿茶的原因。

　　同一地方、同一品种的芽叶色泽在不同季节会发生变化，春季多为绿色或黄绿色的芽叶，到夏秋季由于橙色光和紫色光比较强，会形成较多的花青素。花青素具有缓解叶片光氧化损伤的能力，起到光保护作用，所以夏秋茶部分芽叶会变成紫绿或紫红色。花青素呈紫红色，味苦，易溶解于水，在正常绿色芽叶中含量一般为 0.01% ～ 1.0%，在紫芽叶中高达 2% 以上。花青素具有较强的抗氧化性和清除自由基的作用，还有抗突变、保护视力、预防糖尿病和心血管疾病等药理功能。花青素含量高的茶叶，制绿茶色枯、味苦，因此更适合制红茶和黑茶。

综上所述，优良的茶树生态环境要求气候温暖湿润，光照充足，雨量充沛，缓坡丘陵，土层深厚，植被好（图 2.14）。如杭州西湖茶区，三面是山，南濒钱塘江、西湖，森林覆盖率高达 90% 左右，茶树生长在"不雨山长涧，无云山自阴"的环境中，生产出闻名中外的西湖龙井茶。

图 2.14 优良生态茶园

第二节　茶树品种面面观

品种是农业生产的基础。在相同条件下，品种优良性在高产优质、抗御自然灾害方面能够起到其他农业措施所不能替代的作用。茶树优良品种的要求有以下三点：一是品质优或有特色，能满足消费者多元化的需求；二是发芽早，上市早，经济效益高；三是抗病虫性强，可以不用或者少用农药，没有农药残留。不过，衡量品种好坏最主要的标准还是制茶品质。

一、品种概念

至 2014 年，全国共有国家级茶树品种 134 个，其中无性系品种 117 个，另有省推广品种 120 多个。如此多的品种为六大茶类的生产提供了丰富的物质基础。茶树品种可分为有性系品种和无性系品种两类。

■ 品种概念和绿茶品种

（一）有性系品种

茶树是异花授粉植物，雌蕊受精后结成种子，其种子属于杂合体。杂种后代会分离成形态特征多样的个体，这样的品种就叫作群体种。如果这个品种世代都是用种子繁殖的，就称有性系品种。群体种的特点是：茶树生命力强，可适应多种土壤和气候条件；茶树个体间性状差异较大，在生化成分组成上有着互补性；成品茶外形不够整齐一致，但香气、滋味比较饱满，醇厚度高，耐冲泡。一些传统名茶的品种就是有性系品种，如西湖龙井为龙井种、黄山毛峰为黄山种、信阳毛尖为信阳种、狗牯脑茶为狗牯脑种、碧螺春为洞庭种、祁门红茶为祁门种、滇红工夫为凤庆大叶茶等。

（二）无性系品种

世代用扦插、压条等无性方式繁衍的品种（图 2.15），没有雌雄花授粉的过程，称无性系品种。无性系品种个体间性状相对一致，成品茶外形整齐划一，但有的

图 2.15　扦插苗圃

品种与同地区的群体种比较，香气略显单薄，滋味醇厚度不够，不耐冲泡。从产品价值来看，无性系品种外观商品性好，易被消费者选择。由于芽叶生长速度整齐一致，有利于机械采茶。新中国成立以后育成的新品种都是无性系品种，如适制西湖龙井茶的龙井 43、适制滇红的云抗 14 号、适制乌龙茶的金观音等。

二、绿茶品种

绿茶是六大茶类中历史最悠久的茶，陆羽《茶经·三之造》载："晴采之、蒸之、捣之、拍之、焙之、穿之、封之，茶之干矣。"这是关于蒸青团饼茶工艺的最早记载，说明在 700 多年前就有了绿茶。至明代由蒸茶改为炒茶，由团茶改为散茶，绿茶基本定型，其主要工艺也延续至今。

绿茶是我国产量最多、消费市场最大的茶类，据 2021 年中国茶叶流通协会资料（下同），2021 年全国茶叶产量 306.32 万吨，其中，绿茶产量 184.94 万吨，占所有茶类总产量的 60.40%。绿茶国内年销量为 130.92 万吨，占所有茶类总销量的 56.90%。所以无论是产量还是销量，绿茶都居全国第一。绿茶是不发酵茶，从茶的外形看，主要可分为以下三种：一是以龙井茶为代表的扁形茶；二是以碧螺春为代表的螺形、卷曲形茶；三是以条形为主的毛峰、毛尖茶等。绿茶尤其是名优绿茶的品质特征总体是：干茶翠绿或嫩绿，有清香、毫香（芽香）、栗香、花香，冲泡后，色绿汤清，香气清幽高锐，滋味鲜爽（清鲜、嫩鲜、鲜浓）回甘。

（一）龙井茶

1. 龙井 43

龙井 43 是中国农业科学院茶叶研究所育成的国家级无性系品种（图 2.16）。茶树灌木中叶，叶椭圆形，叶色深绿，芽叶绿稍黄色、茸毛少，春梢基部有一淡红点。发芽特早，一般 3 月下旬开采。春茶一芽二叶干样含氨基酸 4.4%、茶多酚 15.3%、咖啡因 2.8%、水浸出物 51.3%。所制"明前龙井"，外形扁平光滑挺秀，色泽嫩绿，茶汤香气清幽，滋味鲜爽，因上市早、价格高，受到茶农喜爱，消费者也能喝到最早的西湖龙井茶。缺点是因发芽特早，易受到倒春寒的危害，也易罹生茶叶炭疽病。

图 2.16　龙井 43

2. 中茶 108

中茶 108 也是中国农业科学院茶叶研究所育成的国家级无性系品种（图 2.17 ）。茶树灌木中叶，叶长椭圆形，芽叶绿偏黄色，茸毛少。发芽特早，正常年份，杭州在 3 月 20 日左右就可采制 "雀舌"，是最早上市的西湖龙井品种。春茶一芽二叶干样含氨基酸 4.8%、茶多酚 12%、咖啡因 2.6%、水浸出物 48.8%。所制龙井茶，外形挺秀尖削，色泽绿翠，香气高锐隽永，滋味清爽嫩鲜。缺点是易受到倒春寒的危害。

3. 龙井群体种

龙井群体种是杭州西湖茶区的老品种（图 2.18 ）。茶树灌木中小叶，因是群体种，茶树在发芽早晚、叶片形态、芽叶大小、芽叶色泽、茸毛多少上差别较大，制成的西湖龙井茶，外形不太齐整。春茶一芽二叶干样含氨基酸 4.0%、茶多酚 19.7%、咖啡因 3.4%，生化成分含量都比较高，且比例较协调。所制龙井茶，香气浓郁饱满，滋味鲜醇爽口，最符合 "老茶客" 对传统西湖龙井茶 "色绿、香郁、味甘、形美" 的要求。

（二）碧螺春

碧螺春是全国十大传统名茶之一（图 2.19 ），产在江苏省苏州市太湖边的洞庭山，所以又称洞庭碧螺春。品种是有性系灌木中小叶洞庭种，叶椭圆或长椭圆形，芽叶绿或淡绿色、茸毛中等。因濒临太湖，茶园有枇杷、桃、梨等果树间作，生

图 2.17　中茶 108 冬季茶园　　　　图 2.18　龙井群体种

态条件优越，茶叶自然品质好。春茶一芽二叶干样含氨基酸 4.1%、茶多酚 16.2%、儿茶素总量 12.2%、咖啡因 3.7%。特级碧螺春要求采摘 1.6 ~ 2.0cm 长的单芽，制 500g 干茶需要 6 万多个芽尖。碧螺春外形卷曲呈螺形，满披茸毛，香气幽雅显毫香，滋味清鲜甘爽。

图 2.19　碧螺春茶样

（三）黄山毛峰

黄山毛峰是全国十大传统名茶之一（图 2.20），产自安徽省黄山市的所属区县，是国家级有性系品种黄山种。茶树灌木中（偏大）叶，叶椭圆形，芽叶较肥壮、茸毛多。春茶一芽二叶干样含氨基酸 5.0%、茶多酚 20.6%、儿茶素总量 13.8%、咖啡因 4.4%。所制毛峰茶绿润显毫，香气清香高长，滋味鲜浓醇厚，耐冲泡。该品种抗寒性强，适合北方茶区引种栽培（图 2.21）。

图 2.20　黄山毛峰茶样

图 2.21　黄山毛峰茶园

（四）信阳毛尖

信阳毛尖是全国十大传统名茶之一，产自河南省信阳市郊的车云、震雷山等地。适制品种是信阳群体种，茶树灌木中（偏小）叶，叶椭圆或长椭圆形，芽叶绿或黄绿色、茸毛较多。春茶一芽二叶干样含氨基酸 3.2%、茶多酚 17.3%、咖啡因 3.8%。所制信阳毛尖茶，条索紧直绿润显毫，清香高锐，滋味鲜醇。该品种抗寒性强，适合北方茶区栽种。

（五）都匀毛尖

都匀毛尖产自贵州省都匀市，历史上称"鱼钩茶"。1956 年，毛主席喝了当地茶叶合作社制的鱼钩茶后说，"此茶很好，我看此茶命名为毛尖茶"[①]，从此都匀毛尖茶名便载入史册、蜚声市场。适制的品种是鸟王群体种，茶树灌木中叶，叶椭圆或长椭圆形，叶色深绿，芽叶绿色、多茸毛。春茶一芽二叶干样含氨基酸 2.7%、茶多酚 15.2%、儿茶素总量 11.5%、咖啡因 3.2%、水浸出物 48.3%。都匀毛尖条卷显毫，色泽鲜绿，清香持久，滋味鲜醇回甘。

三、红茶品种

2021 年，全国红茶产量为 43.45 万吨，占茶叶总产量的 14.18%，产量居第二位。国内年消费量 33.88 万吨，占比 14.70%。

红茶属全发酵茶，总体品质特征是：干茶红中带褐、色泽偏深，红汤红叶。优质红茶要求外形乌润显金毫，汤色红艳有金圈，显蜜香或花香，滋味鲜浓甜润甘滑。云南滇红和广东英德红茶是大叶种红茶，其香气以芳樟醇为主，所呈现的花果香和甜香。安徽祁红和福建金骏眉等是中小叶种红茶，其香气主要是以香叶醇、苯乙醇所呈现的玫瑰香。

红茶、黑茶、白茶、黄茶品种

（一）祁门红茶

祁门红茶品种为祁门种，又称祁门楮叶种，是国家级有性系品种，产自安徽祁门等地（图 2.22）。茶树灌木中叶，叶椭圆形，芽叶黄绿色、茸毛较多。春茶一芽二叶干样含氨基酸 3.5%、茶多酚 16.6%、儿茶素总量 12.5%、咖啡因 4.0%。祁门红茶条索紧细乌润，汤色红艳明亮，滋味鲜醇甘爽，有蜜香或花果香，俗称"祁门香"，是中小叶品种品质最优的红茶之一。祁门红茶是世界三大高香红茶之一。

---

① 钱政先 . 毛主席命名都匀"毛尖茶"[J]. 贵阳文史, 2009（4）: 53-54.

图 2.22　祁门红茶茶样　　　　　图 2.23　滇红茶茶样

（二）滇红茶

著名的滇红茶品种有云南省临沧市的凤庆大叶茶、勐库大叶茶和西双版纳傣族自治州的勐海大叶茶等（图 2.23）。它们都是国家级群体品种，共同特点是茶树小乔木型大叶，叶色绿或深绿，叶面显著隆起，芽叶肥壮、茸毛特多。春茶一芽二叶干样含氨基酸 2.8% ～ 4.8%、茶多酚 20.2% ～ 28.2%、儿茶素总量 17.4% ～ 19.3%、咖啡因 3.5% ～ 4.9%、水浸出物 43.7% ～ 46.6%。茶叶条索肥壮乌润，满披金毫，汤色红艳有金圈，香气浓郁持久，滋味浓厚甘滑，久泡香味不减，如"中国红""经典 58"等。大叶种红茶茶汤冷却到 16℃左右所出现的乳状浑浊现象，又称"冷后浑""乳凝"，是茶黄素与咖啡因的络合物形成的效果，这被认为是优质红茶的表现。

适制滇红的无性系国家级品种是云南省农业科学院茶叶研究所育成的云抗 10 号、云抗 14 号（图 2.24）等。它们都是小乔木大叶，芽叶肥壮，黄绿色，茸毛特多，制滇红茶，乌润显毫，香高持久，滋味浓厚甘滑。

（三）英德红茶

英德红茶是 20 世纪 60 年代创制的大叶种红茶，主要用 20 世纪 50 年代从云南引进的大叶种和广东省农业科学院茶叶研究所从印度阿萨姆种中育成的英红 1 号品种等加工制成。20 世纪 80 年代，该所又从云南大叶种中育成了英红 9 号，是目前制英德红茶的主要品种之一。茶树小乔木大叶，叶椭圆形，叶色淡绿，叶

图 2.24　云抗 14 号　　　　　　　图 2.25　英红 9 号茶园

面隆起，芽叶黄绿色、茸毛少（图 2.25 ）。春茶一芽二叶干样含氨基酸 3.2%、茶多酚 21.3%、儿茶素总量 11.5%、咖啡因 3.6%、水浸出物 55.2%。制作的红茶，乌褐油润显金毫，汤色红艳明亮，香气持久，滋味浓醇甘滑。

（四）正山小种

正山小种创制于清代，是历史最悠久的红茶之一，主产于福建武夷山桐木关一带。其特点是：①品种是有性系；②在加工过程中要经过锅炒，这在其他红茶中是没有的；③采用松柴明火加温萎凋和干燥，使茶叶带有松烟香和蜜枣味，所以又称"烟小种"。

（五）金骏眉

制金骏眉的也是有性系品种，在小种红茶工艺基础上，以单芽或一芽一叶为原料，是一种非常细嫩的高香红茶。工艺上不用松柴明火加温萎凋和干燥，没有烟味。

四、乌龙茶品种

乌龙茶是中国特有茶类之一。据报道，每天喝 15 克乌龙茶可以促进人体脂肪氧化和能量消耗，所以乌龙茶又称"减肥茶"。2021 年，全国乌龙茶产量为 28.72 万吨，占茶叶总产量的 9.37%，产量居第四位。国内年消费量为 22.79 万吨，占比 9.90%。

🎬 乌龙茶品种

乌龙茶属半发酵茶，总体品质特征是：干茶呈青褐色（所以也叫青茶），汤色金黄或绿黄，花香型芳香物质丰富，香气馥郁悠长，有花果香或花蜜香，滋味浓醇回甘，叶底绿中有红。按地域分有福建武夷茶区、福建闽南茶区、广东潮汕茶区和台湾茶区。乌龙茶对品种的专一性要求非常高，也就是说，相应的品种才能做出相应乌龙茶的风格。

（一）武夷茶区

武夷茶区主要的品种有大红袍、水仙、肉桂以及武夷十大名丛、金观音，它们都是无性系灌木型中叶种茶树。

1. 大红袍

大红袍是武夷山著名的十大名丛之一，产自武夷山天心岩九龙窠。大红袍的名称有个来历：相传明永乐皇帝游武夷山时得了风寒，喝了这株树制作的茶叶，很快痊愈，遂将茶树披上红袍，故名大红袍。品种名与大红袍茶名同名。茶树叶片椭圆形，叶色深绿、有光泽，芽叶淡绿色、茸毛较多。春茶一芽二叶干样含氨基酸5.0%、茶多酚17.1%、咖啡因3.5%、水浸出物51.0%。品质特点是：条索壮实、色泽棕褐油润，汤色橙黄清澈，香气馥郁清幽，滋味醇厚回甘，叶底软亮、叶缘有红边或朱红点。

2. 水仙

水仙是"武夷岩茶"之一，适制品种是福建水仙（武夷水仙），在闽北茶区有较大面积栽培。茶树小乔木大叶，叶色深绿，有光泽，叶面平，芽叶较肥壮、茸毛多。春茶一芽二叶干样含氨基酸3.3%、茶多酚17.6%、咖啡因4.0%、水浸出物50.5%。制作的乌龙茶，条索肥壮、乌润，兰花香比较高长（制白茶也显兰花香），滋味浓厚甘爽。

3. 肉桂

肉桂是"武夷岩茶"之一，品种名与肉桂茶同名。茶树灌木中叶，叶色深绿，叶面平，芽叶紫绿色、茸毛少。春茶一芽二叶干样含氨基酸3.8%、茶多酚17.7%、咖啡因3.1%、水浸出物52.3%。该品种制作的乌龙茶，条索乌润，香气浓郁辛锐似桂皮香（故名），滋味醇厚甘爽。

4. 武夷十大名丛

武夷茶区著名的十大名丛除了大红袍以外，还有铁罗汉、白鸡冠、水金龟、半天妖、白牡丹、武夷金桂、金锁匙、北斗、白瑞香等。这些名丛都是从当地产茶群体品种中分离出来的，由于这些茶树多生长在岩壁隙缝之中，小环境特殊，韵味独特，故赋予各式花名。

5. 金观音

金观音又名茗科 1 号，由福建省农业科学院茶叶研究所于 20 世纪 70 年代用铁观音与黄金桂杂交而成，是无性系国家级品种。茶树灌木中叶，叶椭圆形，叶色深绿，芽叶紫红色、茸毛少。春茶一芽二叶干样含氨基酸 4.4%、茶多酚 19.0%、咖啡因 3.8%、水浸出物 45.6%。该品种制乌龙茶香气馥郁悠长，滋味鲜醇回甘，品质优异稳定，适应性强。金观音引种到浙江龙泉，品质依然优。

（二）闽南茶区

闽南茶区品种主要有铁观音、黄金桂、梅占、佛手等。

1. 铁观音

铁观音，品种名与茶名一样，属国家级无性系品种，产自安溪县西坪镇。铁观音的名称由来也有一段趣闻轶事：相传清乾隆年间，有一老农叫魏饮，笃信佛教，偶在石壁洞发现一株叶片肥厚、叶面有光的茶树，此茶树制成的茶叶，油润发亮，重如铁，滋味甜爽，品质特异，魏饮疑是观音所赐，便取名"铁观音"。茶树为灌木型，中偏小叶，叶色浓绿有光泽，芽叶绿带紫红色、茸毛少。春茶一芽二叶干样含氨基酸 4.7%、茶多酚 17.4%、咖啡因 3.7%、水浸出物 51.0%。铁观音的特点是：外形肥壮圆结，重实匀整，色泽砂绿油润，汤色金黄明亮，香气馥郁幽长，滋味醇厚回甘，"有七泡仍有余香"之说。

2. 黄金桂

黄金桂，国家级无性系品种，产自安溪县虎邱镇罗岩美庄。茶树小乔木型中叶，叶色绿偏黄，有光泽，芽叶黄绿色、茸毛少。春茶一芽二叶干样含氨基酸 3.5%、茶多酚 16.2%、咖啡因 3.6%、水浸出物 48.0%。制作的乌龙茶，香气馥郁芬芳，滋味醇厚甘爽，因汤色金黄有桂花香，故称"黄金桂"。坊间有"未尝清甘味，先闻透天香"之说。

3. 梅占

梅占，国家级无性系品种，产自安溪县芦田镇三洋村。茶树小乔木型中叶，叶近披针形，叶面平，叶身强内折，叶色深绿，有光泽，芽叶绿色、茸毛少。春茶一芽二叶干样含氨基酸 4.1%、茶多酚 16.5%、咖啡因 3.9%、水浸出物 51.7%。制作的乌龙茶，花香浓郁持久，滋味浓厚甘爽，刺激性强。

4. 佛手

福建省推广品种，是乌龙茶品种中的灌木大叶茶，产自安溪县虎邱镇金榜骑虎岩。因叶形与香橼相似，故名"佛手"，又名雪梨、香橼种（图 2.26 ）。按芽色可分为红芽佛手和绿芽佛手，红芽佛手品质更优。叶卵圆形，叶面强隆起。红芽佛手芽叶绿带紫红色、肥壮、茸毛较少。春茶一芽二叶干样含氨基酸 3.1%、茶多酚 16.2%、咖啡因 3.1%、水浸出物 49.0%。制作的乌龙茶，条索肥壮重实、褐黄绿润，香气高锐，有雪梨香或水蜜桃香，滋味浓醇甘鲜，品质优。

图 2.26 佛手种

（三）潮汕茶区

潮汕茶区在广东潮州、梅州一带，主要品种有岭头单丛、鸿雁 12 号和凤凰单丛等。

1. 岭头单丛

岭头单丛由饶平县坪溪镇岭头村茶农等从凤凰群体中选育而成，属国家级无性系品种。茶树小乔木中叶，叶长椭圆形，叶色黄绿、有光泽，芽叶肥壮、黄绿色、茸毛少。春茶一芽二叶干样含氨基酸 3.9%、茶多酚 22.4%、咖啡因 2.7%、水浸出物 56.7%。制作的乌龙茶，汤色橙黄，蜜香浓郁，有"微花浓蜜"之特韵，滋味醇爽回甘。

2. 鸿雁 12 号

鸿雁 12 号由广东省农业科学院茶叶研究所从铁观音后代中选育而成，属国家级无性系品种。茶树灌木中叶，叶长椭圆形，叶色深绿，芽叶绿带紫色、茸毛少。春茶一芽二叶干样含氨基酸 2.1%、茶多酚 23.2%、咖啡因 3.5%、水浸出物 52.5%。制作的乌龙茶，花香浓郁，滋味浓爽甘滑。

3. 凤凰单丛

凤凰单丛产于潮安县凤凰镇乌崇山。所谓单丛就是单株茶树，相传是宋代时所种，按香型分成十大单丛：黄枝香单丛、芝兰香单丛、蜜香单丛、八仙过海单丛、姜花香单丛、蛤古捞单丛、蜜兰香单丛、玉兰香单丛、茉莉花香单丛、桂花香单丛。它们的共同特点是芽叶黄绿色、茸毛少。制成的乌龙茶，显蜜香、蜜兰香、玉兰香、芝兰香、姜花香、桂花香等自然花香，品质优。

（四）台湾茶区

台湾省有茶园约 32 万亩，主产乌龙茶，著名品牌有台北文山包种茶、石门铁观音、桃园龙泉茶、新竹白毫乌龙茶、冻顶乌龙茶、竹山金萱茶等。

1. 青心乌龙

青心乌龙又叫软枝乌龙、种茶，原产于福建省安溪县。茶树灌木小叶，叶长椭圆形，叶色深绿，芽叶细小、鲜绿色、茸毛中等。春茶一芽二叶干样含氨基酸1.3%、儿茶素总量 16.4%。青心乌龙是制冻顶乌龙的主要品种之一，制作的乌龙茶香高持久。

2. 青心大冇

青心大冇又名大冇、青心，原产于台湾省台北市文山。茶树灌木小叶，叶长椭圆或椭圆形，叶色较暗绿，芽叶绿带紫红色、茸毛中等。春茶一芽二叶干样含茶多酚 16.1%、咖啡因 2.3%。制作的乌龙茶，滋味浓厚，香气独特，品质优。

3. 硬枝红心

硬枝红心原产于台湾省基隆市金山乡。茶树灌木小叶，叶椭圆形，叶色深绿带微红色、有光泽，芽叶绿带紫红色、茸毛多。制作的乌龙茶和包种茶，品质优良。

4. 金萱

金萱又名台茶 12 号，由台湾省茶业改良场于 1982 年育成，是台湾省的主要栽培品种之一。茶树灌木中叶，叶近椭圆形，叶色淡绿、有光泽，芽叶绿带紫色、茸毛短密。春茶一芽二叶干样含茶多酚 17.8%、氨基酸 2.6%。制作的乌龙茶，滋味甘醇浓厚，带有奶油香气。金萱在中国大陆种植品质也很优。

5. 白毫乌龙茶

白毫乌龙茶又叫椪风茶，品种以青心乌龙为主。椪风茶有一段来历：茶树芽叶因遭到小绿叶蝉为害，芽叶破损，制成的乌龙茶外形差，但茶农舍不得丢弃，怀着碰运气的心态拿到市场上去卖，谁知因香气特殊，口味独特，很受欢迎，还卖了个好价钱，真是歪打正着。原来小绿叶蝉在刺吸芽叶汁液时会释放出一种化学物质，使茶叶在加工时能产生特殊的香味，口感更好。所以后来茶农就将小绿叶蝉为害过的茶叶加工的乌龙茶称作"椪风茶"。据说，20 世纪三四十年代，英国女王喝了这种茶后，赞不绝口，并称之为"东方美人茶"。

五、黑茶品种

黑茶是我国产量最多的特有茶类，2021 年，产量为 39.68 万吨，占茶叶总产量的 12.95%，产量居第三位。黑茶以内销为主，2021 年，销量为 34.41 万吨，占比 14.95%，也是居第三位。

黑茶始产于明代中期，《甘肃通志》记载，明嘉靖三年（1524 年）御史陈讲奏疏记载："以商茶低伪，征悉黑茶，地产有限，仍第为上中二品。"16 世纪，四川绿茶、云南晒青茶等主要销往西北和北方边远地区，因路途遥远，运输困难，产地遂将茶叶蒸（压）制成团块装于篾篓中，以减小体积，方便运输。在人背马驮的情况下，少则数十日，多则一年半载才能到达销区。在长途跋涉中，历经天气变化，以及多种因素的作用下，茶叶中的多酚类、蛋白质、糖类等化学物质发生氧化、降解、聚合反应，并生成多种微生物，从而使茶叶生成黑褐色的色素和特殊的陈香味，即茶叶的自然陈化，这从生化和微生物角度理解就是后发酵。到了20 世纪中叶，为了缩短陈化时间，生产者模拟自然陈化的外部条件，将烘青或晒青绿茶采用加水渥堆的催化方法，生产出了品质相同的黑茶。如云南普洱茶，陈香浓郁，滋味醇厚甘滑；安化茯砖茶在制作过程中产生的"金花"，是灰绿曲霉的菌孢子群，会产生特殊的香味；广西六堡茶的特点是有松烟味和槟榔味。

黑茶属于后发酵茶，在制作过程中由于堆积发酵时间较长，因此叶色乌润或黑褐，故而得名。黑茶的香味较为醇和，汤色橙黄带红或褐红。黑毛茶又称散茶，可直接饮用，也可再加工成紧压茶。现今采用人工陈化的黑茶包括湖南安化黑茶、湖北老青茶、四川南路边茶、广西六堡茶、云南普洱熟茶等。它们的共同点：一是都采用当地群体品种，二是原料较粗老，三是都有渥堆（堆积）发酵的过程。其主要区别是：鲜叶的嫩度和渥堆的时间段不一样，如老青茶（里茶）和南路边茶（做庄茶）采割枝（青梗）叶在杀青后渥堆；一级安化黑茶采一芽三四叶、一级六堡茶采一芽二三叶，在杀青、揉捻后湿坯渥堆；普洱茶、云南沱茶以大叶种采一芽二三叶至四五叶制成晒青茶，也即晒干后渥堆。除了普洱熟茶用凤庆大叶茶、勐库大叶茶、勐海大叶茶等品种以外，其他黑茶都采用当地的中小叶群体品种，如湖南安化黑茶用云台山种、四川雅安藏茶用川茶种、广西六堡茶用六堡种等。

六、白茶品种

白茶是我国产量较少的特有茶类之一，2021年，产量为8.19万吨，占茶叶总产量的2.67%。2021年，内销7.05万吨，占比3.06%。此外，白茶还销往东南亚、欧美国家和中东、近东地区。

白茶起源于福建，属于轻发酵茶，因色泽银白，外形满披白毫而得名。1796年，福鼎茶农用菜茶群体种中芽壮多毫的单芽制作银针；1885年后，转用福鼎大白茶等品种制作银针；1922年，建阳县（现建阳市）水吉乡民用福建水仙创制了白牡丹。现今白茶主产区在福鼎、福安、政和、松溪、建阳等县市。通常，产于福鼎等地的称"北路银针"，产于政和等地的称"西路银针"。近年来，云南、贵州等省也有用芽叶粗壮多毛的品种制作白茶，如云南用景谷大白茶品种制"月光白"。芽叶嫩度与白茶品类有密切关系，如单芽制白毫银针，一芽一二叶制白牡丹，一芽二三叶制贡眉，与一芽二三叶同等嫩度的对夹叶或"抽针"后的单片制寿眉。品质最优的是白毫银针，其特征是：银白如针，汤色杏黄，香气清鲜，显毫香，滋味鲜纯甘爽，叶底嫩绿脉梗微红。适制白茶的品种主要有以下几种。

（一）福鼎大白茶

福鼎大白茶产自福建省福鼎市点头镇柏柳村，属国家级无性系品种。茶树小乔木中叶，叶椭圆形，叶面隆起，芽叶黄绿色、茸毛特多。春茶一芽二叶干样含氨基酸4.0%、茶多酚14.8%、咖啡因3.3%、水浸出物49.8%。采单芽制成的"白毫银针"，色白如银，香味清爽；采一芽二叶制的"白牡丹"，白毫显露，香味纯正。

（二）福鼎大毫茶

福鼎大毫茶产自福建省福鼎市点头镇汪家洋村，属国家级无性系品种。茶树小乔木大叶，叶椭圆形，叶面隆起，芽叶黄绿色、肥壮、茸毛长而密。春茶一芽二叶干样含氨基酸5.3%、茶多酚17.3%、咖啡因3.23%、水浸出物47.2%。采制成的"北路银针"白茶，白毫密披，香味清醇。

（三）政和大白茶

政和大白茶产自福建省政和县铁山乡，国家级无性系品种。茶树小乔木大叶，叶椭圆形，叶色深绿、富光泽，叶面强隆起，芽叶绿带微紫色、茸毛多。春茶一芽二叶干样含氨基酸5.9%、茶多酚13.5%、咖啡因3.3%、水浸出物46.8%。采制成的"西路银针"白茶，条索肥壮，白毫密披，香味甘醇。芽剥离后的单片叶用来制白茶"寿眉"，汤色浅淡，香味较淡薄。

（四）福建水仙

见"四、乌龙茶品种"。

七、黄茶品种

黄茶是我国六大茶类之一，产量最小，2021年，产量为1.33万吨，占茶叶总产量的0.43%。黄茶几乎都是内销，因销区小，2021年内销量只有1.14万吨，占比0.50%。

黄茶是由绿茶演变而来的，它出现的年代早于乌龙茶和红茶。明代许次纾（1549—1597年）《茶疏·产茶》记载："大江以北，则称六安，然六安乃其郡名，其实产霍山县之大蜀山也。茶生最多，名品亦振。河南、山陕人皆用之。南方谓其能消垢腻，去积滞，亦共宝爱。顾彼山中不善制法，就于食铛大薪焙炒，未及出釜，业已焦枯，讵堪用哉。兼以竹造巨笱，乘热便贮，虽有绿枝紫笋，辄就萎黄，仅供下食，奚堪品斗。"这是描述当时安徽霍山黄大茶的制法，表明明代中期已产黄茶。

黄茶属于轻发酵茶，基本工序有杀青、揉捻、闷黄、干燥。闷黄是黄茶特有的工序（如君山银针，把初烘叶用牛皮纸包闷40～48小时），主要是茶叶在湿热条件下，长时间的堆闷使叶绿素a与叶绿素b大量降解，而较稳定的胡萝卜素保留量较多，导致干茶与叶底色泽呈黄色。同时，在高温、高湿条件下，茶多酚、氨基酸等发生氧化、缩合反应，水浸出物、茶多酚、儿茶素和氨基酸含量明显降低，导致黄茶汤色橙黄，醇厚度比同样原料制成的绿茶有所降低。

根据黄茶的定义，在加工过程中有闷黄工序的才能称黄茶。然而，形成黄色茶的因素较多，有的是自然突变体，如中黄1号、中黄2号、黄金芽等芽叶本身就是黄色的，即使采用绿茶工艺，成品茶仍是黄汤黄叶。还有的是绿茶加工技术不规范，如杀青时多闷少抛或杀青叶未及时散热堆放，造成闷黄；揉捻叶不及时干燥甚而隔夜加工，在湿热情况下造成非酶促氧化，使叶色泛黄，等等。尽管色泽如此，但是它们仍属于绿茶类，这种茶一般香气低沉，滋味不爽。

黄茶无适制专一品种要求，一般都是采用当地中小叶群体品种。按鲜叶采摘嫩度和工艺特点，黄茶可分黄小茶和黄大茶。传统黄小茶主要有湖南的君山银针、沩山毛尖、北港毛尖，四川的蒙顶黄芽，浙江的莫干黄芽，湖北的运安鹿苑等，主要销往北京、天津、长沙、武汉、成都等城市。黄大茶有安徽的六安黄大茶、广东的大叶青等，主要销往山东沂蒙山区和山西太行山一带。

　　君山银针（图 2.27）是知名度较高的黄茶，产于湖南省岳阳市洞庭山，品种是君山群体种。洞庭山与江南第一名楼岳阳楼隔湖相望，唐代大诗人刘禹锡（772—842 年）诗曰："遥望洞庭山水翠，白银盘里一青螺。"君山种就生长在这名湖翠山之中。该品种灌木中叶，叶椭圆形，芽叶绿色、茸毛中等。春茶一芽二叶干样含氨基酸3.8%、茶多酚18.1%、咖啡因4.2%。用单芽或一芽一叶初展制的黄茶，外形芽壮挺直，黄绿显毫，汤色杏黄明亮，香气清香浓郁，滋味甘爽醇和，叶底细嫩黄亮。

图 2.27　君山银针茶样

第三节　古茶树与古树茶

一、古茶树的定义与区别

（一）古茶树的定义

什么是古茶树？古茶树没有明确的年龄标准，通常指生长年份在百年及以上的茶树。古茶树不一定是大茶树，大茶树也不一定是古茶树。如生长在云南省普洱市景东县的温卜大茶树是典型的乔木古茶树；生长在杭州狮峰有100多年历史的龙井茶树是灌木型古茶树。大茶树的"大"没有定量标准，有一些生长几十年的茶树也能长成大茶树，如1985年播种在云南勐海的茶籽，2016年长成树高8.3m、树干直径43cm的大茶树。尽管树很大，但只有30多年树龄就不能被称为古茶树。

古茶树的定义与辨别

（二）野生型茶树和栽培型茶树的区别

野生型茶树是指在系统发育过程中具有较原始特征与特性的茶树，如：树体高大，树姿多直立，叶片大，叶质硬厚，花大，花瓣多，花瓣质厚，花柱5裂，果皮坚厚，种皮粗糙，生化成分中氨基酸、茶多酚含量较低，儿茶素中EGCG（表没食子儿茶素没食子酸酯）比例偏小，制茶品质较差等。栽培型茶树是指在系统发育过程中具有较野生型进化特征、特性的茶树，如：树体中等偏小，树姿多开张，叶片有大、中、小叶，叶质柔软，花小、花瓣少、质薄，花柱多3裂，果皮薄韧，种皮光滑，生化成分中氨基酸含量较高，茶多酚多在15%～35%，EGCG比例大，制茶品质优良等。现在生产上利用的绝大多数是栽培型茶树。

需要说明的是，野生茶树不等同于野生型茶树，栽培茶树也不等同于栽培型茶树。野生茶树是指长期处于非人工栽培管理的茶树，俗称"荒野茶""丢荒茶""野茶"，它既可能是野生型茶树，也可能是栽培型茶树；栽培茶树是指由人工栽培管理的栽培型或野生型茶树。打个比方，家猪是由野猪进化来的，把家猪放在野外，即使没有人工饲养，它也不会成为野猪，相反，野猪即使人工喂养，也不会成为家猪。另外，生物的进化时间是漫长的，短时间很难观察到变化，而且物种的进化是不可逆转的。

（三）古茶树与古树茶的关系

顾名思义，用古茶树制的茶统称"古树茶"，这是近几年云南销售普洱茶所打造的新名词。因为古茶树生长年数久、数量少，所以古树茶价格往往是新栽培茶树价格的几倍甚至一二十倍。其理由是，古树茶品质好，但这一说法缺乏科学依据。

1. 有悖于自然规律

自然界任何生命体都有从产生、生长发育、衰老到死亡的过程，它的生命轨迹呈抛物线状态。也就是说，在生命的顶峰期，它的新陈代谢最旺盛，制造的物质最丰富，这时候的品质应该是最好的，以后随着生理机能的衰退，物质积累减少，产量品质也会降低，这是植物界的普遍规律。所以，按常理来说，一株古茶树所制造的物质会比 10 ～ 30 年的青壮年茶树少许多，它的品质自然会比青壮年茶树差，这是常识。

2. 没有对比数据说明

将同一个无性系品种种植在相同条件下，把 10 年、50 年、100 年树龄的茶树，制成同样的茶，鉴定它们的品质差别，如果 100 年好于 50 年，50 年好于 10 年，那么树龄越老品质越好的论点可以成立，但是目前没有这样的对比数据。

3. 环境因素影响茶叶品质

不可否认，有些古树茶品质好于新种的茶，主要是古茶树的生长环境一般比现代茶园好，比如海拔高、生态环境优、生存空间大、透光通气性好、土壤有机质丰富等，但这是外界因素，不能笼统地归于树龄越大、品质越好。

（四）古茶树的利用价值

1. 古茶树是论证茶树原产地的重要证据

茶树原产地问题在国际上已争论了一个多世纪。原产地之争不仅仅是一个学术问题，更是一个民族自豪感的问题，因为发现和利用茶树是对人类的一大贡献。中国古茶树的数量之多、树体之大、分布范围之广、物种之丰富，是任何国家不可比的，所以国内外多数学者都认同中国是世界茶树的原产地。这也是中国对世界农耕文明做出的一大贡献。

2. 古茶树是继续进行茶树植物学分类的重要材料

按中国植物学家张宏达分类系统，茶组植物分为 31 个种、4 个变种，但迄今为止国内外学者的分类系统还没有完全统一。茶树是异花授粉植物，形态上的多样性给分类造成了一定的困难。中国保存的众多古茶树资源，为继续进行茶树植物学分类提供了重要的材料。

3. 古茶树具有育种和创造新产品的潜力

古茶树中蕴藏着优质或超常规成分的材料，如有的茶多酚含量高达 35% 以上，有的氨基酸含量高达 6.5% 以上，有的茶氨酸高达 3% 以上，有的咖啡因含量不到 1%，这些都是选育特异新品种或进行深加工的重要材料。此外，还可以利用古茶树开发出一些有针对性的特色产品，如适合上班族饮用的益智茶，适合妇女儿童饮用的低咖啡因茶，适合驾驶员饮用的提神茶，适合老年人饮用的防止老年性痴呆的高茶氨酸茶，适合电脑族饮用的防辐射高脂多糖茶以及适合欧美市场需要的自然花果香茶等。

4. 茶旅一体化的建设

在坚持"保护中开发，开发中保护"的基础上，有条件的地方可以适当建设以古茶园为中心的旅游景点，如观光茶园、家庭茶场、茶体验室、休闲茶馆、特色茶餐厅，使茶园变为花园，茶区变为景区，采茶、制茶变为休闲体验活动，使饮茶消费变为休闲观光消费等。但应注意，原始森林里的野生茶树不宜建设旅游项目。

二、主要古茶树介绍

我国古茶树的资源十分丰富，在《中国古茶树》一书里，介绍了 17 个省、区、市的 603 份古茶树资源，其中以处在茶树原产地范围内的云南、贵州、四川、广西最多。

📹主要古茶树
介绍

（一）云南省古茶树

云南省野生型的高大乔木古茶树有：勐海县巴达大茶树、雷达山大茶树，镇沅自治县的千家寨大茶树（图 2.28），孟连自治县的腊福大茶树，双江自治县的大雪山大茶树（图 2.29），凤庆县香竹箐大茶树（图 2.30），昌宁县温泉大茶树，保山市隆阳区挂峰岩大茶树，芒市花拉厂大茶树，盈江县天平茶，新平县大帽耳山野茶，红河县车古茶，文山县坝心大茶树等。古茶树树高多在 20m 左右，树干直径为 70 ～ 90cm，有的树幅面积达到 60m^2，在分类上多属于大理茶（*C. taliensis*）、

图 2.28　千家寨大茶树　　　　　　　　图 2.29　大雪山大茶树

图 2.30　香竹箐大茶树

厚轴茶（*C. crassicolumna*）、老黑茶（*C. atrothea*）等。因制茶品质较差，一般不采制茶叶。

　　云南栽培型古茶树都是现在生产上正在利用的茶树，著名的有勐海县南糯山大茶树（图 2.31）、老班章大茶树（图 2.32），勐腊县易武大茶树，景洪市攸乐大叶茶，景谷县景谷大白茶，澜沧自治县景迈大叶茶，双江自治县勐库大叶茶，凤庆县大叶茶，临沧市临翔区昔归茶，绿春县玛玉茶，金平自治县马鞍底大叶茶，麻栗坡县白毛茶，广南县白毛茶等。它们多数是小乔木大叶，树高 3 ～ 6m，在分类上多属于普洱茶（*C. sinensis* var. *assamica*）、白毛茶种（*C. sinensis* var. *pubilimba*）。因生化成分丰富，制茶品质优良。

图 2.31　南糯山大茶树　　　　　　　　　　图 2.32　老班章大茶树

　　在勐海县布朗山乡班章村生长的老曼峨苦茶以及景洪市勐龙镇勐宋村生长的曼加坡苦茶，形态特征与一般茶树无异，唯滋味特苦。据测定，苦茶含有较多的苦茶碱（1，3，7，9- 四甲基尿酸），比一般茶树高 19.5% ～ 48.1%。苦茶在分类上属于苦茶变种（*C. assamica* var. *kucha*）。

（二）贵州省古茶树

　　贵州省是古茶树最多的省份之一，以贵阳为中轴线，野生型茶树主要分布在西半省，如黔西南自治州的兴义市七舍大茶树、普安县马家坪大茶树（图 2.33）、

图 2.33　马家坪大茶树

图 2.34　螺蛳壳大茶树

晴隆县半坡大茶树，黔南自治州都匀市螺蛳壳大茶树（图 2.34）、贵定县岩下大茶树、平塘县冗心大茶树、惠水县摆祥大茶树、三都自治县中和大茶树，遵义市习水县南山坪大茶树（图 2.35）、桐梓县天坪大树茶、赤水市赤水大茶树，毕节市金沙县清池大茶树、纳雍县桂花大茶树等。黔西南和黔南处于茶树原产地范围，茶树分类上多属于大厂茶（*C. tachangensis*）和秃房茶（*C. gymnogyna*），遵义市的野生型茶树主要是秃房茶，制茶品质较差。

　　贵州的栽培型茶树主要分布在贵州东半省，因这里是云贵高原东北大斜坡，茶树也是处在由乔木型向灌木型转变的过渡带，所以以灌木中叶茶为主，如湄潭县苔茶、大方县贡茶和都匀市鸟王茶等，在分类上都属于茶种（*C. sinensis*）。贵州历史悠久的灌木型古茶树还有贵阳市花溪区久安古茶（图 2.36），有一万多株，尽管已有一两百年的历史，但茶树依然生长遒劲，树根盘根错节，制绿茶、红茶品质优良。

图 2.35　南山坪大茶树

图 2.36　久安古茶

（三）四川省和重庆市古茶树

野生型古茶树主要生长在四川盆地南部和西南边缘，呈"L"形分布，从东向西有：重庆市的綦江大茶树、江津大茶树、南川合溪大茶树，四川省泸州市的古蔺黄荆大茶树、宜宾市的高笋塘大茶树、凉山自治州的雷波大茶树、雅安市的荥经大茶树、成都市的崇州枇杷茶等。其中，高笋塘大茶树高达25m，是目前巴蜀地区最高大的乔木型茶树，其他古茶树一般多为乔木型或小乔木型，高5～10m，分类上多属于秃房茶和疏齿茶（ *C. remotiserrata* ）。

川西荥经县和崇州市的古茶树，与杭州龙井茶树同处于30°N附近，属于较高纬度生长的茶树，然而荥经、崇州的茶树具有乔木特大叶特征，可谓是我国最北部的乔木大叶茶树。其特点是，茶树叶片特厚，形状如枇杷叶，故当地称"枇杷茶"，分类上属于秃房茶（崇州枇杷茶暂定为疏齿茶）。枇杷茶抗寒性强，能抗 − 5℃低温。因云南大叶茶抗寒性很弱，而且两者的形态特征差异也很大，所以这里的茶树不可能是云南大叶种传播而来的。枇杷茶很可能是一个独立的居群。正因如此，枇杷茶在研究茶树演化和传播方面具有重要的价值。杭州（30°13′N）虽然与荥经（29°45′N）、崇州（30°40′N）纬度相当，但由于冬季寒冷，夏季高温，长期的自然选择，只能"适者生存"——适应了一批抗性强的灌木中小叶茶树，所以杭州没有自然生长的乔木大叶茶树。

四川、重庆的栽培型古茶树以灌木型中小叶茶为主，如筠连县早白尖、邛崃市花楸茶、雅安市蒙顶山茶、青川县中小叶茶、南江县中叶茶、奉节县小叶茶等，分类上属于茶种。蒙顶山茶相传是2000多年前的吴理真所栽培，现在的茶树很可能是它的后代，目前主要用于采制"蒙顶石花""蒙顶黄芽"等四川名茶。

陆羽在《茶经》一开始所说的"巴山峡川，有两人合抱者，伐而掇之"，根据20世纪八九十年代国家茶树资源考察队的多次考察，巴山和长江三峡一带没有发现需要两人合抱的大茶树。这是古人忽悠还是确实没有大茶树？其实陆羽所指的巴山峡川应该是一个广阔的区域，包括三峡以上的地区，如现今的四川、重庆的南部，贵州的西北部。如前文所说，这些地方确实有大茶树，如宜宾市高笋塘大茶树高达25m，泸州市古蔺黄荆大茶树高达10.8m；贵州习水等地现在还有"伐而掇之"的采摘方式。所以陆羽的说法是有一定依据的。

（四）广西壮族自治区古茶树

广西处在云贵高原东南大斜坡，野生型古茶树主要分布在百色市的西部和西北部，有着与云南、贵州野生型茶树相同的特点。分类上多属于大厂茶、五柱茶（ *C. pentastyla* ）、广西茶（ *C. kwangsiensis* ）和厚轴茶，如隆林县金平大茶树，百色市右江区大王岭大茶树、巴平大茶树，那坡县坡荷大茶树，靖西县地州茶，德保县黄连山大茶树等。

广西栽培型古茶树分两类：一类是小乔木型大叶白毛茶，特点是芽叶和萼片茸毛特多，分类上属于白毛茶，几乎分布于广西全区，如凌云白毛茶，横县南山白毛茶，龙州县后山茶，龙胜县大茶树，兴安县六洞大叶茶，三江自治县加雷茶，金秀自治县白牛茶等；另一类是灌木中小叶茶，如桂平市西山茶，苍梧县六堡茶等，分类上属于茶种。所制的西山茶和六堡茶是广西特色名茶。

金秀白牛茶生长在金秀自治县大瑶山深处的白牛村，所制绿茶与古铜钱同时放在口中咀嚼，一二十分钟后可将铜钱嚼成沙粒状，新中国成立前，茶商用能否咬碎铜钱来鉴定茶叶品质的好坏。实际上，咬碎铜钱与品质优劣不一定完全相符，且也不仅仅是广西白牛茶有此作用，经尝试，云南滇绿茶、武夷山绿茶同样能咬碎铜钱。看来，大部分绿茶可能都有此功能，但其机理尚不明确。

其他省目前生产栽培利用的群体种大部分都是古茶树。有两种情况比较突出：一种是在南岭山脉两侧集中分布了大量的苦茶，如岭南有广东乳源自治县乳源苦茶、乐昌市龙山苦茶，广西贺州市苦茶；岭北有湖南江华自治县苦茶、蓝山县蓝山苦茶、炎陵县炎陵苦茶，江西寻乌县笠麻嶂野茶、南磨山苦茶、安远县中流茶、崇义县赤穴苦茶、信丰县古坡苦茶、大余县横溪苦茶、兴国县福山苦茶，宁都县洋坑苦茶等，分类上属于苦茶变种。苦茶多半是乔木或小乔木型茶树，像江西寻乌南磨山苦茶高达 16.5m，乳源苦茶高达 7.5m，崇义赤穴苦茶高达 6.5m，一般高度都在 4～6m。苦茶的特点是非常苦涩，民间用来消炎止泻。据检测，苦茶中含有一种叫丁子香酚苷的成分，这在其他茶树中还没有检测到，只有油茶中有。赣南、湘南是油茶的主要种植区域，据此推测，苦茶可能是茶与油茶同属不同组植物的自然杂交后代。另一种是东南沿海福建和广东东部的乌龙茶古茶树聚集区，与苦茶一样，乌龙茶地域性特征非常明显，如以大红袍、水仙、肉桂、武夷名丛等为主的武夷山分布区；以铁观音、黄金桂、梅占等为主的安溪、漳州分布区；以凤凰水仙、凤凰单丛为主的潮汕分布区。乌龙茶古茶树以灌木中叶为主，分类上属于茶种。

此外，在台湾省南投县眉原山和平镇有乔木野生古茶树分布，如眉原山山茶树高达 14.8m，分类上属于秃房茶。台湾的乌龙茶老品种茶树，除了硬枝红心、青心大有外，其余品种如青心乌龙等都来自福建。

三、古茶树的树龄和保护

（一）古茶树树龄

世界上没有千年古茶树。目前，对于树龄还没有科学准确的测定方法，已经死亡的树可以锯成板数年轮，年轮就是树木每年长的同心圆，活着的树一般是估算或者根据文字记载与族谱来推算，这就方便了一些人随意夸大树龄，动辄一两千年甚至三四千年。中国科学院昆

古茶树的树龄和保护

明植物研究所一位研究山茶科植物的博士到重庆等地考察，看到一株树标明树龄是 1200 年，但凭其经验此株树最多百年树龄，这时恰巧有一位六七十岁的农妇经过，他便问："大娘，这棵树你小时候有这么大吗？"农妇说："这树是我小时候种的。"博士愕然，假设此树是农妇 10 岁时种的，也不过五六十年，标注 1200 年，足足夸大了 20 倍。类似的情况还不是个别的。据对样本实测，宽 1cm 的树干横断面一般有 4 个或 5 个年轮，也就是说 1 年树干长粗 2 ～ 2.5mm，如果直径是 1m 的茶树，半径是 50cm，50×4 ＝ 200 或 50×5 ＝ 250，也就是有 200 或 250 个年轮，换句话说，直径 1m 的茶树，树龄是 200 或 250 年。据我们对几个茶树横断面的测量，直径 76cm 的树龄是 136 年，直径 52cm 是 109 年，直径 38cm 是 90 年，直径 18cm 是 35 年。各地多数散生茶树都是在 20 世纪五六十年代或 20 世纪七八十年代所种的。一两百年树龄的茶树多是原始森林里的野生型茶树。

（二）古茶树保护

古茶树是人与自然和谐的碑石，它以一叶之精，恩沛人间。然而，由于茶产业的发展需要，基本建设用地的扩大以及厂家、商家对古树茶的炒作，古茶树正面临着空前的危机：一是数量日趋减少；二是珍稀的古茶树资源正在丢失。造成古茶树死亡的主要原因有以下几方面：

第一，衰老死亡。这是自然现象，无可非议，如 1951 年发现的号称树龄 800 年、树高 8.8m 的著名云南南糯山大茶树，在 1994 年自然死亡。

第二，采摘过度。由于厂家、商家的炒作，古树茶价格高，因此人们把古茶树当成摇钱树，进行掠夺性采摘，茶树生机严重损伤。这在普洱茶产地，屡见不鲜，如云南师宗一株高 11.2m 的古茶树，是大厂茶的模式标本，1995 年因过度采摘而死亡。

第三，保护意识差。有一些濒危的古茶树缺少维护，如国内外著名的云南巴达大茶树，因树干中部空洞，没有搭架支撑，在 2012 年 9 月倒塌死亡。再如，云南云县一株高 12.1m 的古茶树，是大苞茶（*C. grandibracteata*）的模式标本，1998 年因梯坎倒塌而死亡。

第四，将古茶树当作旅游景点开发。某些景区任意让游客攀树折枝，刻字拍照，篝火野炊，古茶树遭到严重摧残。

第五，将古茶树当作观赏树出售。出售古茶树导致无辜死亡，如云南楚雄自治州一些县的古茶树运到普洱，在待卖期间约 80% 死亡。

第六，自然灾害。有的古茶树因周围树木或者秸秆着火，殃及池鱼；有的是因雷击而死亡，如四川宜宾高达 13.6m 的黄山大茶树在 1985 年死于雷击。

为此，保护古茶树已经是一项重要的任务。早在 1992 年，林业部在《关于保护珍贵树种的通知》里已经将"野茶树"列为二级保护树种。

古茶树的保护对策有：

一是由人大立法，由省、市、县政府下达有关保护古茶树的文件，加强宣传，强化执行。

二是开展古茶树保护宣传工作，增强全民对古茶树的保护意识，像保护文物一样保护好古茶树。

三是保护好古茶树的原始生态环境，古茶树的生态环境非常脆弱。所以，对列入保护的古茶树周围 30 ～ 50m 范围内的一草一木都不要铲伐，让其共生共长，和谐相处。

四是对濒危古茶树采取加固措施，如一些树干出现空洞或者树根外露有坍倒危险的茶树，要搭架支撑，砌坎加土，以使本固枝荣。

五是禁止挖掘、销售古茶树。因科研、教学、开发、建设等需要，必须对古茶树进行采样或迁移的，需报有关部门审批、备案，并确保移栽成活。

六是成立古茶树保护与管理组织，制订古茶树保护村规民约。管理队成员要定期巡查。

七是成立古茶树资源保护与管理基金，这是实施保护与管理的基本保障。

现在贵州省、云南省西双版纳傣族自治州、普洱市等地区都出台了古茶树保护条例，做到有法可依、执法有据。然而，古茶树保护是一项涉及地域广、难度大的工作，关键是一定要落实到基层，从实事做起。

思考题

2.1 从土壤、温度、水分、光谱、光照等角度，说说茶树生长需要什么样的生态环境。

2.2 为什么"高山云雾出好茶"？

2.3 古茶树正面临着空前的危机：一是数量日趋减少，二是珍稀的古茶树资源正在丢失。你认为造成古茶树死亡的主要原因有哪些？

章节测试

参考文献

[1] 骆耀平 . 茶树栽培学 [M].5 版 . 北京：中国农业出版社，2015.

[2] 杨亚军，梁月荣 . 中国无性系茶树品种志 [M]. 上海：上海科学技术出版社，2014.

各具千秋的
茶叶分类

第三章

各具千秋的茶叶分类

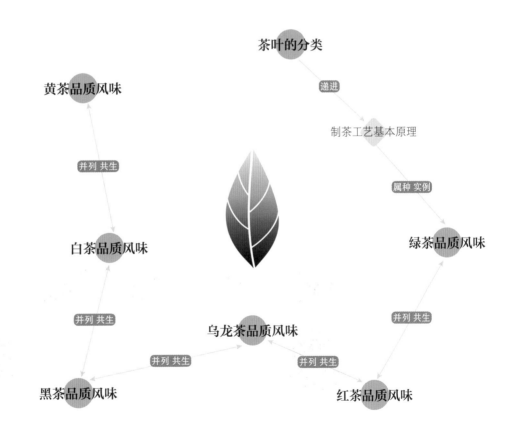

第一节　茶叶的分类及制茶工艺

一、茶叶的分类

（一）茶叶分类依据

茶叶的分类是根据各种茶的品质、制作方法的不同，进行分门别类，合理排列，从而建立起有条理的系统，便于人们识别茶叶品质，了解制作方法的差异。茶叶的分类应具备以下几个条件。

■ 茶叶分类
依据

1.品质具有系统性

同一类茶的品质要具有系统性，即它们必须有共同的特征。比如，绿茶的特征是清汤绿叶，红茶的特征是红汤红叶，乌龙茶具有三红七绿的品质特征。不同茶类之间要有明显的区分，在相同类别的茶中，色度的深浅、明暗度也可以有所区别（图3.1）。

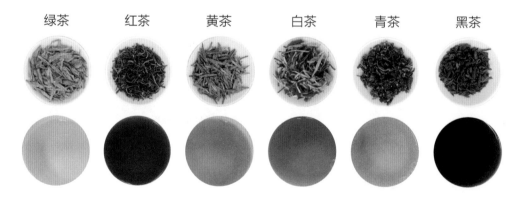

| 绿茶 | 红茶 | 黄茶 | 白茶 | 青茶 | 黑茶 |

图3.1　不同茶类及其汤色

2. 制作方法具有系统性

在制作过程中，要归纳出各类茶特有的、相对固定的制作方法。根据茶叶原料的特征，参数上会有些微调。如绿茶需要破坏酶的活性，阻止多酚类物质的酶促氧化，所以绿茶都会有杀青这个步骤；红茶则正好相反，需要进行酶促氧化，使多酚类物质进行转变，所以会采用发酵的加工工艺（图 3.2）。

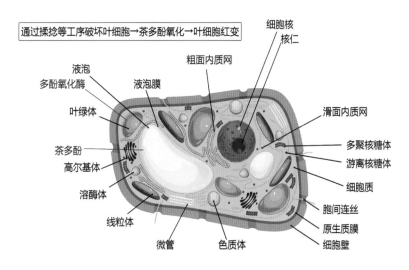

图 3.2　茶树叶细胞结构及红变过程

3. 内含物质变化呈规律性

茶叶内含物质需要有规律性的变化。如多酚类物质，在绿茶中需要尽可能地保留，而在红茶中需要让它大量转化成与红茶品质相关的一些物质，如茶黄素、茶红素等。正是制作方法的不同，导致内含物质发生了变化，从而产生不同茶独具特色的品质特征。

（二）茶叶分类方法

目前，西方国家主要将茶叶分为三类，即红茶、绿茶和乌龙茶。日本普遍按发酵程度进行分类，分为不发酵茶、半发酵茶、全发酵茶和后发酵茶。我国的茶类非常丰富，许多专家也提出了多种多样的分类方法。现在获得业界广泛认同，并在科研、生产、贸易中广泛应用的是茶学专家陈椽提出的六大茶类分类方法，以及程启坤提出的茶叶综合分类法。综合起来可将茶叶分成基本茶类和再加工茶类。其中，基本茶类又可分为绿茶、红茶、乌龙茶、白茶、黑茶、黄茶六大类。

（三）茶叶命名方法

各茶类中会有不同的茶名，比如龙井、祁红、白牡丹等。这些茶名和其他商品一样，是一种符号，主要用于对商品的认识区分和对它的分类、研究。茶叶主要以制作技术、茶树品种、主要品质特征、产地以及采摘时间等来命名。

以制作技术命名的有炒青绿茶、烘青绿茶、蒸青绿茶、晒青绿茶以及红碎茶等，这些都是茶的生产工艺。如炒青是指干燥方式为炒干的，烘青是用烘干的，蒸青是指杀青方式采用蒸汽杀青。

以茶树品种命名的有铁观音、大红袍、水仙、毛蟹、黄金桂等。这些既是茶树品种名，又是对应的商品名。

以茶叶产地结合品质特征命名的情况也比较常见，比如蒙顶黄芽、平阳黄汤、舒城兰花、黄山毛峰、六安瓜片、安化松针、都匀毛尖，桐城小花等，这些茶叶名称的前两个字是地名，后两个字表征茶叶的内质或外形。如舒城兰花指的是它的外形像小兰花；平阳黄汤指的是它的汤色比较黄。

二、制茶工艺基本原理

制茶工艺基本原理

六大茶类对应六项关键的制茶工艺，我们以这六项工艺的基本原理和关键点展开论述。

（一）杀青

杀青既是绿茶加工中非常关键的步骤，又是形成绿茶风味品质的重要工序。利用高温条件对茶叶进行处理，在这个过程中，茶叶不但会发生一系列的物理变化，还会发生一系列的化学变化。杀青过程中发生的变化非常复杂，且对绿茶品质形成具有非常重要的作用，其目的一共有四个：

一是彻底破坏鲜叶中酶的活性，阻止多酚类化合物发生酶促氧化反应；

二是通过加热，使低沸点不愉悦的香气物质逸散，并形成高沸点愉悦的香气物质；

三是改变茶叶内含成分的部分性质，促进绿茶品质的形成，例如，蛋白质水解，形成氨基酸，为绿茶鲜爽的口感奠定基础；

四是蒸发掉部分水分，叶子会变得更加柔软，有利于后期做形。

杀青的方式多种多样，目前应用较多的有手工杀青、锅式杀青、滚筒杀青、蒸汽杀青以及微波杀青。

如何判断杀青程度是否合适？从外观性状来看，叶子会从鲜绿变为暗绿，不带红梗红叶，手捏叶子比较柔软，微微带有一些黏性，当嫩茎梗折之不断，紧捏叶子会有成团的现象，微有弹性，青草气消失，略带茶香，这个时候就可以停止杀青了。

（二）发酵

发酵是红茶加工中非常关键的步骤，同时也是决定红茶品质优劣的关键步骤。发酵过轻，红茶会带有一定的青草味；发酵过重，红茶又会带有一定的酸味。红茶发酵本质上与酒精发酵有很大的区别，准确来说就是发生了酶促反应，鲜叶细胞组织被破损，其中多酚类化合物与多酚氧化酶接触，引发了酶促氧化聚合作用，形成了茶黄素、茶红素等有色物质。影响发酵的因素有：

第一，液泡膜损伤的程度。在发酵之前，需要进行揉捻，目的是让鲜叶液泡膜均匀地被破损，让液泡中的多酚类物质暴露出来，与液泡外的酶类互相接触。

第二，温度。多酚氧化酶活性最适宜的温度是在 45 ～ 55℃，如果温度太低，发酵就无法进行；温度太高，酶类又很容易失去活性。

第三，水分。发酵叶含水量通常需要控制在 50% ～ 60%，发酵室的相对湿度一般控制在 90% 以上。

第四，氧气。发酵过程中需要大量的氧气，同时会释放出二氧化碳，所以需要通风和散气，摊叶的厚度则需要根据当天情况进行相应的调整。

第五，发酵的时间。一般来说，工夫红茶需要发酵 2 ～ 3h，而红碎茶只需发酵 80 ～ 90min，具体的时间需要视叶子的具体情况和叶温而定，也就是看茶做茶。

如何判断发酵程度是否合适？从颜色上来说，鲜叶从青绿色到黄绿色、黄色，接着变成红黄色，再变成红色、紫红色，最后会变成暗红色。从香气上来说，随着发酵程度逐渐加深，香气会从强烈的青草味消退成清香、清花香、花香、果香以至熟香，如果发酵过度还会出现令人不太愉悦的酸馊气味。

如何判断红碎茶发酵程度是否适度？从香气上来说，它会出现清香和清花香；从颜色上来说，它会出现黄色或者黄红色。工夫红茶发酵适度会出现花香或果香，颜色呈现黄红色到红色。

（三）闷黄

闷黄是黄茶加工中促进在制品黄变的工序，也是黄茶品质形成的关键步骤。具体的操作是将杀青叶趁热堆积，让它们在湿热条件下发生热化学变化，最终使得叶子均匀地黄变。从本质上来说，就是在高温、高湿的条件下，茶叶中的叶绿素发生降解，多酚类化合物进行非酶氧化，产生黄色物质，最后形成干茶黄、汤色黄、叶底黄的"三黄"特征和"甘醇"的滋味特征。

闷黄可分为干坯闷黄和湿坯闷黄两种。这里的干湿指的是在制品的含水量，在同一温度下，含水量越高，黄变的速度也就越快。通常情况下，黄芽茶、黄小茶都采用湿坯闷黄，而黄大茶则采用干坯闷黄，还可以通过外源加湿，例如，以洒水的方式来保证相对恒定的湿度。此外，温度也会影响黄变的速度，温度越高，黄变速度也就越快。

闷黄过程中儿茶素的含量会显著降低，会形成少量的茶黄素，所以对比绿茶而言，黄茶的滋味和口感会更加柔和。各地区黄茶对闷黄程度的要求不一，通常以叶色达到黄绿即可。

（四）渥堆

渥堆是黑茶初制中特有的工序，也就是说，只有黑茶才会有渥堆这一工序，这也是黑毛茶品质形成的关键工序。将揉捻之后的叶子堆积 12 ～ 24h，在茶叶内湿热和微生物的共同作用下，内含成分会发生一系列深度的氧化和分解作用，形成黑茶的独特品质。渥堆的目的有两个：一是让多酚类化合物发生氧化，除去一部分的涩味，这是滋味上的变化；二是让叶色从暗绿或暗绿泛黄变成黄褐色，这是颜色上的变化。

由于渥堆是湿热作用和微生物作用共同参与的过程，所以在加工过程中需要控制茶坯的含水量、叶温、环境温度和含氧量。

渥堆需要适宜的条件：相对湿度在 85% 左右，室温在 25℃ 以上，茶坯含水量在 65% 左右。当茶坯堆积 24h 之后，手伸入堆内有微微的发热，叶温达 45℃ 左右，茶堆表面可以看见水珠，叶色变成黄褐色，闻起来有刺鼻的酒糟味或酸辣味，说明渥堆适度。

（五）萎凋

萎凋是白茶品质形成的重要工序。萎凋是指在一定温湿度条件下均匀地摊放茶叶，促进鲜叶中酶的活性提高，内含物质发生适度的物理和化学变化，大分子的物质会分解成为小分子的物质，蒸发掉部分水分，使叶茎萎蔫变软，颜色会变成暗绿色，青草味散失。萎凋方式有室内自然萎凋、复式萎凋、加温萎凋三种。室内通风良好、无日光直射的条件比较适合室内自然萎凋；春秋季的晴天一般是采用复式萎凋，即自然萎凋与日光萎凋相结合；阴雨天一般采用加温萎凋，如热风萎凋。白茶萎凋的时间比较长，一般室内自然萎凋需要 48 ～ 60h，最多不超过 72h；热风萎凋一般控制在 20 ～ 36h。萎凋适度的叶子含水量为 18% ～ 26%，当萎凋芽叶毫色银白，叶色转变成为灰绿或深绿，叶缘自然干缩或垂卷，芽尖、嫩梗呈翘尾状，就达到了萎凋适度。

（六）做青

做青是形成乌龙茶品质风味的关键工艺。做青工序由摇青和晾青组成。做青是鲜叶在轻微的萎凋之后，在适宜的温湿度条件下，通过多次摇青，使茶叶不断受到震动、摩擦和碰撞作用，叶缘细胞逐渐破损，由此引发部分的酶促反应，使得做青叶产生一个非常特别的现象——绿叶红镶边。在静置晾青的过程中，萎蔫的叶片会慢慢地恢复到紧张的状态，俗称"还阳"；在茎梗中的水分和可溶性物质向叶肉细胞输送，叫作"走水"；同时还会散发出自然的花果香；走水之后，做青叶会从紧张的状态慢慢地萎软下来，俗称"退青"。反复地还阳、走水、退青之后，就形成了乌龙茶滋味醇厚、香气浓郁以及耐冲泡的品质特征。

第二节　六大茶类品质风味

一、绿茶品质风味

中国制茶历史悠久，告别了采食茶树鲜叶的最初阶段后，在三国时期出现了制茶工艺的萌芽。从蒸青团茶到龙凤团饼，从团饼茶到散叶茶，我国最早出现的茶类其实就是一种蒸青绿茶，用蒸青的方式保持茶叶原有的香味。随着古代制茶工艺的发展，人们开始改蒸青散茶为炒青散茶，也就是利用锅炒的干热发挥出茶叶馥郁的香味。所谓绿茶，它的典型品质特征是清汤绿叶或称绿汤绿叶。绿茶制法的基本工序是：鲜叶通过摊放后进行杀青、做形、干燥。其中，杀青就是绿茶保持绿汤绿叶的关键。它是通过高温方式让鲜叶中多酚氧化酶的活性钝化，从而阻止茶叶氧化变红的一道重要工序。绿茶根据杀青方式的不同，可以使用蒸汽杀青、滚筒杀青、热风杀青，甚至微波杀青等；根据干燥方式的不同，主要有炒干、烘干、晒干等。所以就有了我们常说的蒸青绿茶、炒青绿茶、烘青绿茶、晒青绿茶。

■ 绿茶品质风味

我国的绿茶产区遍及各个产茶省，重点生产省为浙江、安徽、湖北、湖南、四川、贵州等。由于生产区域广阔、品种多样、工艺复杂，使得绿茶表现出千姿百态、丰富多彩的外形与风味。从品质风味的角度来看，品质优良的绿茶，其干茶色泽或嫩绿或翠绿或杏绿，冲泡后香气清高，甚至清鲜带兰花香，或呈现出特征性的毫香、嫩栗香或高爽的香气，品尝其滋味，整体上鲜醇爽口，醇而不涩。

不同种类的绿茶具有各自的品质特征。

蒸青绿茶的代表：湖北省的恩施玉露（图3.3）。它的干茶外形似松针，色泽为鲜绿豆

图 3.3　蒸青绿茶（恩施玉露）

色，而且油润，具有香高味醇的特点。

炒青绿茶的代表：浙江省的西湖龙井（图 3.4）。它的干茶外形扁平、挺直、光滑，呈糙米色，冲泡后的汤色常为杏绿色，香气或为清香或为豆香，滋味甘鲜醇厚。人们盛赞西湖龙井为色绿、香郁、味甘、形美，号称"龙井四绝"。

烘青绿茶的代表：安徽省的黄山毛峰（图 3.5）。它的干茶外形芽叶肥壮匀齐，白毫显露，形似雀舌，色似象牙，绿中泛黄，茶汤清澈明亮，香气清鲜高爽，滋味鲜浓醇和。

图 3.4　炒青绿茶（西湖龙井）

绿茶的形态也是千姿百态的。绿茶的外形有扁形、片形、针形、芽形、朵形、卷曲形、颗粒形等。做形工艺是形成不同外形的关键，但除了可视化的茶叶形状外，做形也会影响茶叶的内质，如汤色和滋味。

例如，细嫩卷曲形的洞庭碧螺春、蒙顶甘露，在做形时受到的挤压力强，叶细胞破碎率高，茶汤色泽浓，滋味的浓度也

图 3.5　烘青绿茶（黄山毛峰）

更高，品质风味上更容易出现浓厚、浓醇的风格；而朵形绿茶，如安徽的黄山毛峰、浙江的安吉白茶，在做形时受到的挤压力小，叶细胞破碎率低，茶汤的水浸出含量相对也低，茶汤相对而言就比较淡，汤色更清澈明亮，滋味则以鲜醇甘和为常见风格；全国名优绿茶之首的西湖龙井茶，是典型的扁形绿茶，做形程度比细嫩卷曲形的绿茶轻，比自然花朵形的绿茶重，滋味亦是介于浓淡之间，不禁让人联想到苏轼那一句"淡妆浓抹总相宜"。

二、红茶品质风味

中国是世界上最早生产和饮用红茶的国家，作为一种氧化型发酵茶类，红茶

的起源可追溯到明清时期，到 18 世纪中叶，其制作生产技术传到了
印度、斯里兰卡等国。如今红茶已成为国际茶叶市场的大宗商品，全
世界有 40 多个国家生产红茶，主要的红茶产茶国包括中国、印度、
斯里兰卡、肯尼亚、印度尼西亚、土耳其等。

■ 红茶品质
风味

　　红茶的制作工序主要包括：萎凋、揉捻或揉切、氧化发酵、干燥
等。鲜叶中的多酚氧化酶和多酚类物质原处于不同的细胞器中，但经过萎凋和揉
捻工序后，叶细胞大量破碎，这两者就会互相接触，从而发生一系列的氧化聚合
等生化反应。通过氧化，茶叶中会出现一系列的茶黄素、茶红素等衍生产物，形
成了红茶红叶红汤的典型品质特征。

　　红茶干茶色泽和冲泡的茶汤色泽都是以红色为主，或红亮或红艳，有些色泽
浅一些（如橙红），有些浓一些（如红浓）。红茶在整体上表现出甜醇的品质特征，
然而不同形态、不同品种、不同工艺技术生产
出的红茶，其风格也是千差万别的。传统的红
茶可分为小种红茶、工夫红茶、红碎茶三种，
近年来还发展出了名优特色红茶。

图 3.6　小种红茶

（一）小种红茶

　　世界红茶的鼻祖——小种红茶（图 3.6）。
小种红茶产自福建省武夷山一带，有正山小种
和外山小种之分。桐木关是正山小种的发源地，
位于武夷山国家级自然保护区的核心地带。这
里峡谷溪流绵延，九曲溪蜿蜒其中，景致极为
秀美，也得益于优异的生态环境，茶蓬生长繁
茂，茶叶肥厚，生产的红茶香气和滋味品质佳。
与其他红茶不同的是，传统的小种红茶采用松
材明火进行加温萎凋和干燥，因此，小种红茶
的风味带有独特的松烟香。

（二）工夫红茶

　　工夫红茶是中国独特的传统红茶（图 3.7），
它的初制和精制工序皆颇费工夫，且品质要求

图 3.7　工夫红茶（滇红）

较高，因而得其名为"工夫"。我国工夫红茶品类多，产地分布较为广泛，福建、云南、广东、广西、海南、四川、湖北等皆有生产。它是中国红茶中最具活力的品类之一，按地区不同可以分为滇红工夫、祁红工夫、浮梁工夫、宁红工夫、湘红工夫、闽红工夫、越红工夫等。

工夫红茶根据茶树品种和产品要求的不同，可以分为大叶种工夫红茶和中小叶种工夫红茶。如滇红工夫，就是典型的大叶种工夫红茶，它的外形条索肥壮、紧结重实，金毫特多；内质香气高鲜，带花果香，汤色红艳带金圈，滋味浓厚，叶底肥厚，红艳鲜明。祁红工夫，是典型的中小叶种工夫红茶，其外形条索细秀，有锋苗，色泽乌润；香气清鲜，带有类似蜜糖或苹果的香气，在国际市场上被誉为"祁门香"。

19世纪80年代之前，中国红茶在全球红茶生产与贸易市场上一直占据垄断地位。直到20世纪初，当红碎茶开始取代工夫红茶逐渐成为世界茶叶市场的主力军后，工夫红茶在国际市场上的份额才开始逐渐减少。

（三）红碎茶

红碎茶的制法始创于1880年前后，百余年来发展甚快，曾占到世界红茶产销总量的95%以上。鲜叶在初制过程中经过充分的揉切，叶细胞破碎率高，产品的香气高锐持久，滋味浓强、鲜爽，风味品质与工夫红茶有明显的区别。红碎茶因产地、品种等不同（图3.8），品质特征也有很大差异。印度、斯里兰卡、肯尼亚、孟加拉国、印度尼西亚等是世界主要的红碎茶生产国。

图3.8　红碎茶

（四）名优特色红茶

受全球经济一体化发展的影响，红茶产品得到不断创新。近年来，国内出现的名优特色红茶，甚至掀起了一阵红茶风暴。名优特色红茶常以单芽、一芽一叶或一芽二叶初展的细嫩原料进行加工，经过红茶工艺与技术改进精心制作而成，具有鲜明的产品特色。它们多以中小叶种茶树鲜叶加工而成，并不以浓强风味取胜，却表现出滋味鲜醇甜美，富含优异的花香、蜜香以及清甜的风味特征。例如：

产自武夷山市的金骏眉红茶，具有汤色金黄，汤中带甘，甘中透香的品质风味，尤以其馥郁的花果香（如蜜香、玫瑰花香、桂圆干香）风味，受到人们的喜爱；产自杭州市西湖区的九曲红梅，外形细紧弯曲，色泽乌润，茶汤橙黄明亮，香气清鲜，甜醇带花香，滋味鲜醇爽口，回味香甜；此外，还有遵义红茶、信阳红茶、古丈红茶等都是独具特色的名优特色红茶。

三、乌龙茶品质风味

乌龙茶，亦称青茶，属于半发酵茶，发酵的程度介于红茶和绿茶之间，是中国具有鲜明特色的茶叶品类。乌龙茶的制作工艺，总体可以归纳为：鲜叶采摘后，先萎凋，再做青，然后经过炒青、揉捻（或包揉）、烘焙，做成毛茶。其中，做青是乌龙茶区别于其他茶类的一个独特工艺，也是形成乌龙茶天然花果香品质的关键工艺。乌龙茶的

乌龙茶品质风味

采摘标准也有别于其他茶类，要求原料具有适宜的成熟度，通常它的芽叶会完全展开，形成驻芽，采摘的是茶树叶片，称之为开面采。正是特定的制作工艺、茶树品种和生态环境，造就了乌龙茶独特的品质特征。乌龙茶的产区主要分布在福建、广东和台湾。其中，福建是乌龙茶的发源地和最大产区。乌龙茶因产地的不同可分为闽北乌龙、闽南乌龙、广东乌龙和台湾乌龙。

（一）闽北乌龙

闽北乌龙的主要产地是武夷山、建瓯、建阳等县市，代表名茶为大红袍（图3.9）、肉桂、水仙、铁罗汉、水金龟、白鸡冠等。其外形为条形，紧结壮实，色泽乌润；汤色橙红清澈；香气浓郁清长；滋味醇厚；叶底软亮，具有三红七绿的品质特征，能从叶底看到红边，独具岩骨花香的岩韵是武夷岩茶典型的特征。

图3.9 闽北乌龙（大红袍）

（二）闽南乌龙

闽南乌龙外形为颗粒形（或拳曲形），圆结重实，色泽砂绿油润；其汤色蜜绿清澈；香气馥郁；滋味醇厚鲜爽、回甘强；叶底软亮匀齐。闽南乌龙按生产产品的鲜叶原料以及茶树品种不同，可分为铁观音（图3.10）、黄金桂、本山、大叶乌龙、色种等，其中，铁观音以它的音韵闻名于世。

图 3.10　闽南乌龙（铁观音）　　　图 3.11　广东乌龙（凤凰单丛）

（三）广东乌龙

广东作为乌龙茶的另一重要产区，主要产地包括潮州、揭阳、梅州等地，主要品种有单丛、水仙、乌龙及色种茶。代表名茶有凤凰单丛（图 3.11）、岭头单丛、凤凰水仙等。广东乌龙外形为条索形，紧结壮实，色泽黄褐油润，似鳝鱼皮色；汤色橙黄明亮；香气浓郁持久，具有天然的花蜜香；滋味浓厚爽滑、回甘强，具有耐冲泡的特点；叶底黄亮，叶缘朱红，也印证了三红七绿的特征。

（四）台湾乌龙

台湾乌龙茶源于福建，经过后续的发展，又有别于福建的乌龙茶。台湾乌龙茶主要产于台北、桃园、新竹等县市。根据发酵程度和工艺的不同，台湾乌龙茶可以分为轻发酵的条形包种茶、中发酵的半球形包种茶以及重发酵的椪风乌龙（又称东方美人）。

由于发酵程度的差别较大，因此其品质也各不相同。轻发酵的包种茶（如文山包种），外形为条形，色泽翠绿，油润；汤色蜜绿，具有清香；滋味清爽甘润。中等发酵程度的包种茶，如冻顶乌龙，阿里山茶、梨山茶等，其外形呈半球形，颗粒重实匀整，色泽深绿油润；汤色金黄透亮，具有天然的花果香；滋味醇厚柔滑。发酵程度比较重的椪风茶，也称东方美人（图 3.12），原料采自受到小绿叶蝉吸食为害的幼嫩

图 3.12　台湾乌龙（东方美人）

芽梢，是带芽采制的乌龙茶，外形为朵形，白毫显露，色泽白、黄、褐、红相间；汤色呈现出琥珀色；香气具有天然的熟果香、蜜糖香；滋味醇厚甘柔。

每一款乌龙茶都有各自不同的风味，需要多看、多喝，才能感受其中的差异。

四、黑茶品质风味

黑茶是六大茶类之一，是加工过程中有微生物参与品质形成的一种后发酵茶。在加工、储藏和运输过程中，受微生物胞外酶的作用，产生了一些其他茶类所没有的或者含量比较低的生化活性物质，因而黑茶在调节糖脂代谢等方面具有独特的养生功效。

黑茶品质风味

我国黑茶的产区主要集中在湖南、湖北、云南、四川、广西等地。由于各个产区的原料不同，以及长期以来的加工习惯等差异，因此形成了各自独特的产品形式和品质特征。目前主要的花色品种有普洱茶、六堡茶、茯砖茶、黑砖茶、千两茶、青砖茶、康砖茶、天尖、贡尖、生尖等。

长期以来，黑茶一直都是边销或侨销的商品，为了运输方便，大多压制成各种形状的紧压茶。近年来，由于黑茶的保健功能不断被发掘，因此内销和外销的市场逐年扩大。

黑茶制作时要求原料较成熟，初制加工时，在杀青、揉捻工序后，有一道特殊的渥堆工艺，使茶叶中的黄酮、多酚类和生物碱等具有刺激性、收敛性的物质发生深度的氧化、聚合、水解，形成黑茶滋味醇而不涩，香气纯正的品质特征。不同的茶叶品类，还会出现陈香、菌花香、槟榔香等特殊风味。

（一）湖南黑茶

湖南黑茶原产地位于资江边的安化县，现产区已扩大到桃江、沅江、临湘等地，产品主要分为散装茶和紧压茶两大类。散装茶有天尖（图3.13）、贡尖和生尖，合称为"三尖"。天尖的品质最好，采用一级黑毛茶加工而成，外形较紧实，色泽黑润，汤色橙黄，香气带有松烟香，滋味醇厚。贡尖一般采用二级黑毛茶加工而成，品质稍差。生尖采用三级黑毛茶加工而成，相对来说最为粗老。紧压茶主要有茯砖茶（图3.14）、黑砖茶、花砖茶和千两茶。这些紧压茶在体积和重量上都有特定的规格。在品质方面，茯砖茶的主要特征是金花茂盛。金花是一种微生物，称为冠突散囊菌，内质上也会带有菌花香。黑砖茶和花砖茶表面平整，图案

图 3.13　湖南天尖　　　　　　　　图 3.14　湖南茯砖茶

清晰，棱角分明，色泽黑褐，香气纯正。而千两茶为柱形茶，包裹比较严实，一般 36.25kg 为一柱，香气纯正。

（二）湖北老青茶

湖北老青茶，也称为青砖，产地主要在长江流域鄂南和鄂西南地区，原产地在湖北省赤壁市赵李桥羊楼洞古镇，已有 600 多年的历史。其外形平整，砖面光滑，色泽青褐，滋味醇和。

（三）广西六堡茶

六堡茶因原产于广西壮族自治区苍梧县六堡乡而得名，具有悠久的生产历史（图 3.15）。其生产原料属于较为细嫩的一种，品质以"红、浓、醇、陈"四绝而著称，外形紧结重实、黑褐油润，带有独特的槟榔香味，滋味醇厚。

图 3.15　广西六堡茶

（四）四川边茶

四川边茶分为南路边茶和西路边茶。南路边茶有康砖和金尖两种花色，均为圆角长方体，也被称为面包状，不像青砖或者黑砖，是棱角分明的长方体。康砖和金尖的加工方法相同，但是原料有所差异：康砖品质较高，金尖的品质稍差，香气纯正，滋味醇和，汤色红亮，叶底暗褐粗老。

西路边茶又可分为茯砖和方包。茯砖呈黄褐色，金花明显，相较于湖南的茯砖茶，品质稍差，香气比较纯正，滋味淡。方包的外形篾包方正，四角紧实，带有较多的茶梗，原料等级稍微低，色泽黄褐带烟焦味。

（五）云南黑茶

云南黑茶又称普洱茶，产于云南省澜沧江流域的西双版纳及思茅等地。普洱茶按其加工工艺及品质特征不同，可分为普洱生茶（图3.16）和普洱熟茶两种类型，其中，熟茶属于黑茶类。普洱茶在形态上也可分为紧压茶和散茶两大类。散茶有11个级别，特级普洱茶条索细紧，带有明显金毫，匀整洁净，色泽褐润，陈香浓郁。紧压茶的形状各异，有碗臼形的普洱沱茶、心形的紧压茶、饼形的七子饼茶等。七子饼茶为圆饼形，每饼重357g，饼形要求端

图3.16　普洱生茶

正匀称，色泽黑褐油润，内质陈香显露，滋味醇厚绵柔。碗臼形沱茶，重量一般为每个100g，品质与七子饼茶几乎一致。

随着消费区域和消费群体的拓展，黑茶的形态相较其传统已经有了很大的变化，且更加符合人们现在的消费理念。

五、白茶品质风味

白茶是我国的特色茶类，属微发酵茶。按照茶树品种的不同，白茶可分为大白、水仙白和小白三种；按照原料嫩度的不同，可分为白毫银针、白牡丹、贡眉和寿眉，各具不同的品质特征。大白是用政和大白茶茶树品种的鲜叶制成，它的毫心肥壮，毫香特显，滋味鲜醇。水仙白是用水仙茶树品种的鲜叶制成，它的毫心较长而肥壮，毫香比小白重，滋味醇厚度超过了大白。而小白是用菜茶茶树品种的鲜叶制成，它的毫心较短一些，有毫香，滋味鲜醇。

白茶品质风味

（一）白毫银针

白毫银针是用大白茶的肥大芽头制成，芽头满披白毫，色白如银，形状如针，

图 3.17　白毫银针　　　　　　　　　图 3.18　白牡丹

所以叫作白毫银针（图 3.17）。白毫银针又可分为北路银针和南路银针。北路银针即福鼎白毫银针，产于福鼎，外形优美，芽头肥壮茸毛较厚，香气较清淡，以毫香为主，同时它的汤色碧清，呈浅杏黄色，滋味比较清鲜爽口。南路银针，即政和白毫银针，产于政和，外形毫芽肥壮，满披茸毫银白或灰白，香气清纯，带有花香，接近蔷薇香气，滋味清鲜醇爽，汤色呈浅杏黄色，叶底芽头肥嫩明亮。

（二）白牡丹

白牡丹被划分为特级、一级、二级和三级四个等级，其外形呈自然舒展的两叶抱一芽，色泽灰绿，汤色橙黄，清澈明亮，叶底芽叶各半（图 3.18）。因产地不同，品质特征也会有一定的差异，如政和白牡丹的外形是叶抱芽或者芽叶连枝，香气清醇，滋味清醇有毫味，汤色呈杏黄色，叶底芽叶连枝呈朵叶脉微红。

（三）贡眉

贡眉由群体种茶树品种制成，采其嫩梢为原料，通常标准是一芽二三叶，制得的成品虽然形似白牡丹，但整体来说是比较瘦小的，香气鲜醇，滋味清甜（图 3.19）。

图 3.19　贡眉

（四）寿眉

寿眉是大白、水仙或者群体种茶树品种的嫩梢或者叶片制得（图3.20）。基本上芽心比较少，色泽灰绿稍黄，品质和滋味都不及贡眉，滋味以甜醇为主。

图3.20　寿眉

六、黄茶品质风味

黄茶是我国特有的茶类，属于轻发酵茶。黄茶最大的特点就是"黄汤黄叶"。黄茶的初制工艺与绿茶相似，但因加入了闷黄的工序，一部分多酚类物质发生氧化，使得酯类儿茶素大量减少，黄茶的香气变甜，滋味变醇。黄茶按照鲜叶老嫩的不同，可分为黄芽茶、黄小茶、黄大茶；根据2018年更新的黄茶标准分类，又可分为芽型黄茶、芽叶型黄茶和多叶型黄茶。

📹 黄茶品质风味

（一）芽型黄茶

芽型黄茶其原料是单芽或者是一芽一叶初展，比较有代表性的是君山银针和蒙顶黄芽。君山银针是由未展开的肥嫩芽头制成（图3.21），经过初烘、复烘、初包、复包，最终制得的茶。其外形芽头肥壮挺直，满披茸毫，色泽金黄光亮，俗称"金镶玉"，香气比较清鲜，汤色浅黄，滋味甜爽，冲泡之后还会出现三起三落的现象。蒙顶黄芽（图3.22），产于四川岷山县，经过杀青、初包、复锅、复包、

图3.21　君山银针

图3.22　蒙顶黄芽

三炒、四炒和烘焙等过程，形成肥嫩多毫，色泽金黄，香气清醇，滋味甘爽的品质特征。比较有代表性的黄芽茶是莫干黄芽，产自浙江省德清县莫干山，香气馥郁，带有嫩玉米香或者甜栗香，滋味甘鲜醇厚。

（二）芽叶型黄茶

芽叶型黄茶的采摘标准一般是一芽一叶或者一芽二叶初展。具有代表性的是沩山毛尖（图3.23），产于湖南省宁乡县（今宁乡市）的沩山，其外形叶边微微卷曲呈条块状，色泽嫩黄油润，汤色杏黄明亮，香气中有浓厚的松烟香，滋味甜醇爽口。由于烘焙时用了松木条进行烟熏，因此沩山毛尖带有松烟香。另外，远安鹿苑茶也是非常具有代表性的一类芽叶型黄茶，产于湖北省远安县鹿苑寺一带，其外形条索紧结卷曲呈环状，略带一点鱼眼泡，锋毫显露，香高持久，有熟栗子香，滋味较鲜醇回甘。

图 3.23　沩山毛尖

（三）多叶型黄茶

多叶型黄茶采摘的标准是一芽多叶，具有代表性的是霍山黄大茶（图3.24），其鲜叶原料通常是一芽四五叶。因其芽叶含水量较低，故闷黄时间长达 5～7 天。该类茶焙火的火功比较足，加上叶梗较多，因而有突出的高爽焦香（类似锅巴香），滋味较浓厚，耐冲泡，深受山东沂蒙山区消费者的喜爱。广东大叶青的采摘标准是一芽三四叶，外形条索肥壮，身骨重实，老嫩均匀，色泽青润带黄或呈青褐色，香气较纯正，滋味浓醇回甘。

图 3.24　霍山黄大茶

思
考
题

3.1   我国六大茶类的划分依据是什么？

3.2   简述我国绿茶的基本加工工艺。

3.3   乌龙茶可分为哪几类，各有什么代表茶？

3.4   六大茶类的关键加工工序分别是什么？对品质形成各有什么
        作用？

3.5   简述鲜叶杀青的目的。

章节测试

参考文献

[1] 夏涛 . 制茶学 [M].3 版 . 北京：中国农业出版社，2016.

[2] 宛晓春 . 茶叶生物化学 [M].3 版 . 北京：中国农业出版社，2003.

[3] 施兆鹏 . 茶叶审评与检验 [M].4 版 . 北京：中国农业出版社，2010.

茶叶品评的
方法技巧

第四章

茶叶品评的方法技巧

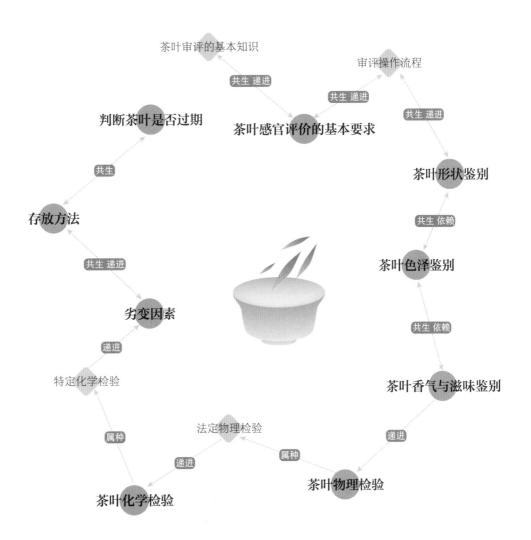

茶叶审评的基本知识

审评操作流程

共生 递进

共生 递进

共生 递进

判断茶叶是否过期

茶叶感官评价的基本要求

茶叶形状鉴别

共生

共生 依赖

存放方法

茶叶色泽鉴别

共生 递进

共生 依赖

劣变因素

茶叶香气与滋味鉴别

特定化学检验

递进

属种

法定物理检验

递进

属种

茶叶化学检验

茶叶物理检验

第一节　审评基本知识

一、茶叶审评的基本知识

首先明确茶叶感官评价的概念，它是指审评人员用感官来鉴别茶叶品质的过程。即按照国家标准规定的方法，审评者运用正常的视觉、嗅觉、味觉、触觉的辨别能力，参照实物样或实践经验，对茶叶产品的外形、汤色、香气、滋味与叶底等因子进行审评，从而达到鉴定茶叶品质的目的。

审评基本
知识

从食品感官评价的角度出发，茶叶审评可以有分析型感官评价与嗜好型感官评价两种。分析型感官评价是按感觉分类逐项进行评分或描述，与食品的理化性质有密切的关系；嗜好型感官评价则是根据个人的爱好进行评价，与个人饮食习惯、生理健康等状况相关。本节主要目标是学习和掌握茶叶的分析型感官评价。

二、茶叶感官评价的基本要求

茶叶感官评价的基本要求主要有以下三方面：

第一，茶叶感官评价中对茶叶审评室环境条件的要求。审评室环境要求干净整洁，空气清新流通，光线充足，装修宜素雅，面积不小于 $10m^2$（图 4.1）。自然光线充足明亮，光照强度为 700 ~ 1000lx，可使用人造光，但不宜

图 4.1　茶叶审评室

用五颜六色的光线，气温控制在 15 ~ 27℃，相对湿度不高于 70%，环境噪声不超过 50dB。

第二，茶叶感官评价中对茶叶审评室布局的要求。干评台高 800 ~ 900mm，宽 600 ~ 750mm，长短视日常工作量而定，台面为黑色亚光，要求平整干净，防烫，布局在前。湿评台高 750 ~ 800mm，宽 450 ~ 500mm，台面为白色亚光，要求平整光洁，防漏，布置在干评台之后。

第三，茶叶感官评价中对茶叶审评设备用具的要求。专业审评盘包括干茶审评盘和叶底审评盘（图 4.2）。干茶审评盘用于审评茶叶外形，规格多为 230mm×230mm×33mm。叶底盘中的白色搪瓷盘用于毛茶叶底的审评，规格为 230mm×170mm×30mm，黑色叶底盘则用于精制茶叶审评，规格为 100mm×100mm×15mm。

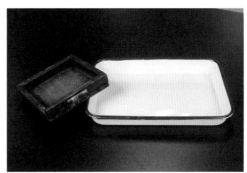

（a）干茶审评盘　　　　　　　（b）初制茶审评叶底盘（白）精制茶审评叶底盘（黑）

图 4.2　审评盘

专业审评杯碗一般采用符合国际推荐标准的专用白瓷标准杯碗（图 4.3）。精制茶审评杯的容量一般为 150mL，高度为 66mm，外径为 67mm，杯沿有锯齿形缺

图 4.3（a）审评杯　　　　　　　　　图 4.3（b）审评碗

口，杯盖有一小孔，便于出水和滤汤。根据国家标准《茶叶感官审评方法》（GB/T 23776-2018）要求，精制茶审评碗高度为 56mm，内径为 67mm，容积为 150mL。

三、审评操作流程

茶叶感官审评的基本程序如下：

第一步，茶叶扦样。扦样，又称取样、抽样、采样，是从一批茶叶中扦取能代表本批茶叶品质的最低数量样茶的过程。扦样是否准确，能否具有代表性，是审评检验结果准确与否的关键。

审评操作流程

第二步，审评用水的选择。评茶用水的软硬、清浊对茶叶的品质影响很大，尤其是对色泽、香气和滋味的影响。水的种类很多，各种水因溶解的物质不一，对泡出茶汤品质的影响也不同。一般要求：① 符合《生活饮用水卫生标准》（GB 5749—2006）要求；② 选用与平时泡茶用水相近的水质；③ 同一批茶的审评用水要一致；④ 评茶用水的温度为 100℃；⑤ 审评报告单上需注明审评用水情况。

第三步，掌握茶叶感官评价程序与方法。感官审评分为外形审评和内质审评，一般先干评外形，再湿评内质，做到内外兼评。在干评外形方面，主要从茶叶的造型风格、色泽、嫩度、整碎、净度这五个方面综合进行辨别。在湿评内质方面，按照看汤色、嗅香气、尝滋味、评叶底的顺序进行。

操作示范：

用具：茶叶样盘、天平、审评杯碗、计时器、叶底盘、品茗杯、吐茶桶等

流程：1. 开罐→倒茶→摇盘→收盘→干茶审评

2. 校准天平→扦样

3. 茶样倒入审评杯→倒入沸水→开始计时→出汤→沥汤

4. 看汤色→嗅香气（热嗅，杯温约 75℃；温嗅，杯温约 45℃）→尝滋味→嗅香气（冷嗅，杯温接近室温）

5. 叶底倒入叶底盘→加入凉水→评叶底

第二节 茶叶鉴别方法

一、茶叶形状鉴别

茶叶形状绚丽多姿，多数具有艺术性，既可品饮又可欣赏。各类茶的采摘标准不同，加工工艺不同，形状上也呈现出各自独特的风格。

扁形绿茶，如西湖龙井，形似碗钉，扁平光滑，挺直尖削（图4.4）。

卷曲形绿茶在外观上呈现出不同程度的卷曲度（图4.5），包括卷曲形、勾曲形、弯曲形、扭曲形等。在总体风格一致的前提下，形态略有差异。如湖南的高桥银峰、浙江的雁荡毛峰、广西的凌云白毫、四川的峨眉毛峰、云南的南糯白毫等。

细嫩卷曲且呈螺形的绿茶，除了洞庭碧螺春外，还有四川的蒙顶甘露，贵州的都匀毛尖等，它们条索卷曲纤细，嫩芽满披白毫。

松条形绿茶，如六安瓜片，叶缘向背面翻卷，形似松条，色泽略起霜（图4.6）。

朵形绿茶在形态上略有差异，有兰花形和凤尾形之分。兰花形绿茶原料多为一芽一叶或一芽二叶，外形呈芽叶连枝状，似自然绽放的兰花，如安徽的特级黄山毛

图4.4 西湖龙井

图4.5 卷曲形绿茶

图4.6 六安瓜片

图 4.7　安吉白茶

图 4.8　闽南铁观音

图 4.9　紧压饼茶

峰、浙江的长兴紫笋茶、陕西的午子仙毫等。凤尾形绿茶，如安吉白茶（图 4.7），它的外观芽叶呈小 V 字形分开，挺直似燕尾，或呈张开一定角度的绣剪。

红茶多呈卷曲条索形，有肥壮的云南滇红，有细紧的祁门红茶，另外也有不少红茶呈颗粒形、芽形、针形……

红碎茶经过了不同方式的揉切工艺，外形呈叶形、颗粒形、片形、末形等。

乌龙茶中，闽南铁观音是典型的颗粒形（图 4.8），或圆浑饱满，或呈螺钉形状；闽北武夷岩茶、广东凤凰单丛等都是典型的扭曲条索形。

其他茶类不做赘述。

但在六大茶类基础上，还有一类是以绿茶、红茶、黑茶等，经过蒸压成型的再加工茶类，有饼形、砖形、沱形等不同的紧压形状（图 4.9）。

不论干茶形状还是叶底形状，其品质优次，除了与茶树品种、栽培条件等有关外，还与制茶技术有更为密切的关系。实践证明，在加工的各个阶段，茶叶制品含水量对茶叶形状影响很大。

二、茶叶色泽鉴别

茶叶的商品性强，美观的外形与光润的色泽都是不能忽视的。茶叶色泽包括干茶色泽、茶汤色泽、叶底色泽三个方面。各种茶的色泽是鲜叶中内含物质经过制茶过程后，转化形成各种有色物质，并因这些有色物质的含量和比例不同，而使茶叶呈现出各种不同的色泽。

🎬 茶叶形状与色泽鉴别

（一）干茶色泽

对于干茶色泽，正常成色特点包括如下类别：① 翠绿型，如一些高级绿茶、细嫩绿茶；② 深绿型，如一些高级炒青；③ 墨绿型，如珠茶、烘青等；④ 黄绿型，如中低档的烘青和炒青；⑤ 嫩黄型，如蒙顶黄芽等细嫩黄茶；⑥ 金黄型，如君山银针；⑦ 黄褐型，多见于一些较粗老原料制成的黄茶，如黄大茶；⑧ 黑褐型，常见于一些通过渥堆或发酵工序的茶，如黑毛茶、普洱熟茶、低档红茶等；⑨ 砂绿型，多见于有一定成熟度的乌龙茶，如铁观音；⑩ 灰绿型，干茶绿中带灰，如白牡丹；⑪ 青褐型，干茶褐中泛青，如水仙、凤凰单丛；⑫ 乌黑型，如工夫红茶、传统红碎茶；⑬ 棕红型，如 CTC 红碎茶；⑭ 银白型，常见于嫩度高，且芽叶上白毫较多的茶叶。

（二）汤色

对于汤色，一般目测其色泽种类和明亮度，要注意审评周围光线与器具对色泽的影响。正常冲泡后的茶汤呈色类型包括浅绿型、杏绿型、黄绿型、杏黄型、浅黄型或微黄型、金黄型、橙黄型、橙红型、红亮型、红艳型、深红型等（图4.10）。

如果是扁形绿茶，汤色以嫩绿明亮或杏绿明亮为佳，若黄绿或黄，明亮度较差，则是品质不佳的表现。

图 4.10　茶汤

如果是朵形绿茶，由于其加工时叶细胞破碎率低，茶汤中的水浸出物含量也相对较低，所以茶汤比较薄。汤色以嫩绿、清澈明亮或浅绿明亮为佳，若黄绿或黄，明亮度差，也是品质不佳的表现。

如果是卷曲形绿茶，尤其是卷曲度较高的细嫩螺形茶，一方面叶细胞破碎率高，另一方面茸毛含量高，茶汤较浓，且悬浮着大量的茸毛。审评其汤色时要辨识这些影响茶汤清澈度的因素，不能把汤浓和毫浑看成这一类绿茶品质不佳的表现。

（三）叶底色泽

对于叶底色泽，正常成色特点包括以下类型：① 嫩黄型，多见于一些高级黄茶的叶底色泽，如君山银针、蒙顶黄芽，或一些细嫩绿茶，如黄山毛峰；② 嫩绿型，大多数高级绿茶的叶底色泽属于此类型（图4.11）；③ 黄绿型，在珠茶、雨茶等绿茶中常有这类表现；④ 翠绿型，一般是新鲜嫩茶的叶底色泽；⑤ 鲜绿型，一些蒸青绿茶，叶底色泽接近鲜叶的绿色，如恩施玉露、高级煎茶、碾茶等；⑥ 亮绿型，叶色绿，如高级烘青、松萝等；

⑦ 绿叶红镶边型，这是乌龙茶典型的叶底色泽，叶底有一定的成熟度，通过做青工艺形成此特征；⑧ 黄褐型，如黄大茶、低档黑毛茶等；⑨ 棕褐型，如康砖、金尖等；⑩ 黑褐型，鲜叶相对粗老，通过渥堆或陈化使色泽加深，叶底变暗，如六堡茶、黑砖茶等；⑪ 红亮型，是优良工夫红茶典型的叶底色泽；⑫ 红艳型，高档工夫红茶或品质优的红碎茶，常表现为此类型。

图4.11　绿茶叶底

三、茶叶香气与滋味鉴别

茶叶的香气和滋味既是茶叶内质评价的重点，也是消费者最为关注的部分。国家标准《茶叶感官审评方法》（GB/T 23776—2018）规定，通过热嗅、温嗅和冷嗅，审评茶叶香气的类型、浓度、纯度和持久性；通过品尝茶汤来审评滋味的浓淡、厚薄、醇涩、纯异和鲜钝等。

茶叶香气与滋味鉴别

第三节　茶叶检验方法

一、茶叶物理检验

物理检验可分为法定物理检验和一般物理检验两个项目。法定物理检验包括取样、碎末茶含量检验、茶叶含梗量检验、茶叶夹杂物含量检验、成品茶包装检验、茶叶衡量检验等方面。一般物理检验包括干茶容重、比容检验、茶汤比色等。

📹 茶叶物理检验

（一）法定物理检验

1. 取样

检验之前先取样。取样是指对同一时间段的整批茶叶商品，按照标准抽取一定数量具有品质普遍代表性的样品，进行产品质量的检验分析，这是保证检验结果正确性的基础。按照国家推荐标准《茶 取样》（GB/T 8302—2002），不论是对箱装还是对篓装的茶叶取样，都是以"批"为单位的。整批茶叶数目为1～5件时，取样1件；6～50件时，取样2件；50件以上每增加50件，增取1件；500件以上每增加100件，再增取1件。

2. 碎末茶含量检验

茶叶的初精制过程中，不可避免会产生一些碎末，这些碎末茶不但会影响外形的匀整，同时还会使得冲泡后的茶汤发暗、发浑，滋味苦涩。因此，碎末茶的含量也可以作为茶叶品质评价的标准指标之一。毛茶碎末茶含量的测定与精制茶碎末茶含量的测定方式不同，需要根据茶叶的具体情况执行操作标准，如更换筛盘的目数和转的圈数。

3. 茶叶含梗量检验

茶叶含梗量检验是评价成品茶中茎梗的含量。一般红茶和绿茶可以对照贸易标准样或者是成交样茶，检验其中的含梗量。

4. 夹杂物含量检验

茶叶在采摘、运输加工过程中往往会夹杂一些非茶类物质，有的甚至还含有一些严重影响茶叶质量的物质，如虫子的尸体、泥沙、铁屑、玻璃碎片等。非茶类夹杂物会直接影响茶叶的感官和内在的质量，必须严格检验。

5. 成品茶包装检验

成品茶包装检验包括包装的标志、标签以及包装质量的检验。包装上必须写明食品的名称、配料清单、净含量、制造者、经销商的名称地址、生产日期、保质期、存放说明、产品标准号等（图4.12）。另外还要对运输包装和销售包装进行检查，这些包装必须牢固、清洁、干燥、无异味。

图 4.12　茶叶产品包装标识

6. 茶叶衡量检验

商品的数量、重量和体积是贸易双方交易的重要条件，是茶叶商品检验的重要内容。茶叶衡量检验依赖衡器的准确性、示度的恒定性和感量的敏感性。

（二）一般物理检验

在茶叶的研究实验中，应用物理手段检验茶叶外形和内在质量的技术较为成熟，具有一定使用价值的主要有干茶容重和比容。

干茶的容重能在一定程度上反映出茶叶的品质水平。一般而言，高档茶原料较为细嫩，做工良好，条索（或颗粒）紧结重实，大小长短匀整，测定的容重数值就大；低档茶原料较粗老，条索（或颗粒）松，身骨轻，测定的容重数值就小。

比容在数值上等于容重的倒数。同一花色品种且不同级别的茶叶，当重量相同时，其容积是不同的，一般都是随着级别的下降而呈现出有规律的增加。

总体而言，物理检验就是对茶叶质量是否达标，以及包装是否实用的科学评价，对茶叶品质、产销的提升，都具有正面的、积极的作用。

二、茶叶化学检验

茶叶化学检验就是采用化学方法来检测茶叶内含成分，以确定产品是否符合质量要求和饮用需求的一种技术手段。它可分为特定化学检验和一般化学检验。这里主要介绍的是茶叶品质化学检验的国际标准法、国家标准法以及国内外茶叶科学研究中比较有代表性的一些检测方法。

茶叶化学检验

（一）特定化学检验

特定化学检验包括水分检验、灰分检验、水浸出物检验、茶多酚总量检验、咖啡因检验等。

1. 水分检验

水分检验有（103±2）℃恒重法和120℃烘干法（快速法）两种，都是目前应用比较广泛的水分检测方法。测定的原理就是将茶叶试样放在烘箱中，以特定的条件加热，损失的重量就是水分。

2. 灰分检验

茶叶经过高温灼热后所得的残留物称为总灰分。根据茶叶灰分在水中和10%的盐酸中的溶解性不同，我们又把它分为水溶性灰分、水不溶性灰分、酸溶性灰分和酸不溶性灰分四种。灰分既是茶叶的品质指标，也是卫生指标。国际标准和国家标准都规定，茶叶总灰分检验采用（525±25）℃恒重法，出口商检标准采用（525±25）℃恒重法，或是700℃、20min的快速法。

3. 水浸出物检验

茶叶中能溶于热水的可溶性物质统称为茶叶水浸出物。水浸出物的多少与茶叶品质呈正相关，与鲜叶的老嫩、茶树品种、栽培条件、制茶技术以及冲泡的水量和时间都存在密切的关系。水浸出物的检验主要有全量法和差数法，原国际标准、国家标准以及出口商检标准都采用全量法，现在均修改成了差数法。

4.茶多酚总量检验

茶叶中多酚类化合物统称为茶多酚，包括儿茶素（黄烷醇类）、黄酮、黄酮苷、花青素、花白素、酚酸和缩酚酸类。目前比较流行的茶多酚总量的检验方法有酒石酸亚铁比色法和福林酚法两种。

5.咖啡因检验

咖啡因是茶叶中非常重要的一部分含氮化合物，是成品茶重要的品质成分和药理成分（图4.13）。目前国际采用的标准有高效液相色谱法，国家标准是同时采用高效液相色谱法和紫外分光光度法两种。

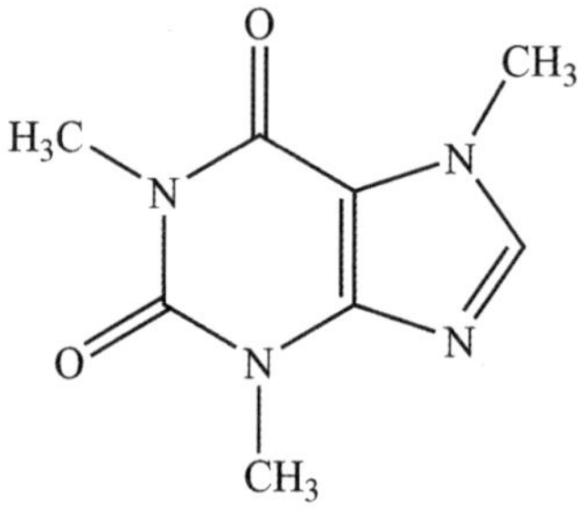

图4.13　咖啡因的化学结构式（1，3，7- 三甲基黄嘌呤）

（二）一般化学检验

一般化学检验包括茶黄素、茶红素、粗纤维的检验，以及红碎茶滋味的化学检验鉴定等。

另外，还有非常重要的就是茶叶中农药残留检验和重金属检验。农药残留检验包括六六六、DDT，还有菊酯类农药、三氯杀螨醇以及有机磷农药等的残留含量检验。重金属检验包括铅、铜、砷以及一些放射性元素的检验。

总体来说，国际标准和国家标准都是为茶叶质量的安全保驾护航，是最低的标准。

第四节　茶叶储存方法

茶叶的储存就是在一定时间内，通过调节温度、湿度、光照、氧气等环境因子，保持或改善茶叶品质的过程。茶叶的吸附性较强，很容易吸附空气中的水分以及其他异味。如果储存不当，那么茶叶就会在短时间内失去风味。茶叶原料越细嫩，发酵程度越轻，越难以保存。

茶叶储存方法

通常，茶叶在存放一段时间以后，香气、滋味、色泽均会发生变化。原来新茶的味道会逐渐消失，陈味逐渐显露。所以茶叶在包装时，除了要求美观、方便之外，还需要确保储存期间能够防潮、防止异味的污染。

一、劣变因素

作为消费者，也需要掌握一些茶叶的储存方法，用来保证茶叶的品质。引起茶叶劣变的主要因素有环境的温度、湿度、光照、氧气、微生物和异味污染，此外，茶叶自身的水分含量也是引起茶叶劣变的一个因素。其中，微生物引起的劣变受温度、水分、氧气等因素的影响，异味污染则与储存的环境有关。所以，要防止茶叶的劣变，必须对光照、温度、水分、氧气加以控制。茶叶包装宜选用能遮光的材料，如金属罐、铝箔袋等。氧气的去除可以采用真空或者充氮的包装，也可以使用脱氧剂。茶叶的吸湿性很强，无论采用什么样的储存方式，储存环境的相对湿度都要控制在 50% 以下。储存期间茶叶的含水量应保持在 5% 以下。

二、存放方法

在茶叶储存前，要先根据茶叶的特性，选择合适的储存方法。

不发酵的绿茶或轻发酵、轻焙火的乌龙茶（如闽南乌龙、包种茶等），以及原料较细嫩的黄茶，可以选用密封性好的铝箔袋、马口铁罐，或者不锈钢、陶瓷等材料制成的茶叶储存罐（图 4.14），存放在避免阳光直射、干燥、无异味的环境中。

如果茶叶短时间内能喝完，就可以在常温下储存；如果要储存一个月以上，就需要放入冰箱冷藏；如果要储存一年以上，则必须放入0℃以下的冷库。

武夷岩茶或浓香型铁观音、黄大茶等重焙火的茶叶，只需放在密闭的容器内，并放入适量的干燥剂或生石灰来除湿，即可在常温下储存较长的时间。有做茶经验的消费者也可以定时将茶再进行一定程度的焙火，一来可以除湿，二来可以保持这些重焙火茶叶的品质风格。这种方法虽好，但是对于没有经验的普通消费者来说，建议不要轻易尝试。

红茶经过发酵，品质相对稳定，可以用密闭的容器在常温下储存12～24个月，但是储存期间，口感会逐渐变酸。这类茶要想储存更长时间，同样需要冷藏或冷冻。

黑茶是后发酵茶，只需要放在通风干燥处储存即可。它可以借由空气进行后发酵和陈化，放得越久，滋味会越柔和，汤色鲜红明亮，入口顺滑，生津回甘。黑茶储存时，应避免阳光直射，以及避免与有异味的东西放在一起。

白茶虽然是一类轻发酵茶，但是坊间流传一句古话："一年茶，三年药，七年宝。"老白茶需要在常温下长期存放，存放条件与黑茶类似，只要保持阴凉、干燥、无异味即可。

三、如何判断茶叶是否过期

第一，看外形，是否有发霉（图4.15），是否有陈、暗等不正常的色泽出现。第二，看汤色，比如绿茶的茶汤是否有变褐、变暗。第三，闻气味和尝滋味，主要是闻有没有异味，尝茶叶的鲜爽度。对于普通消费者而言，

图4.15　霉变的茶叶

购买茶叶最直观的方法是看生产日期，如果生产日期较早或者购买后储存已经超过了 18 个月，那么饮用时就要注意了。

　　通过对茶叶品质劣变因素、不同特性的茶对应的储存方法，以及如何辨别茶叶陈化等知识的了解，消费者就可以选择合适的储存方法延长茶叶的保鲜期，或者使茶叶的风味品质向更好的方向转化。

思考题

4.1　什么是茶叶的审评，茶叶审评有什么意义？

4.2　举例说明在实际生活中如何储存茶叶。

4.3　列举 5 种常见的干茶形状，并举例说明各形状的代表性茶叶名称。

4.4　用审评术语，试着评价一款你喝过的茶。

章节测试

参考文献

[1] 宛晓春 . 茶叶生物化学 [M].3 版 . 北京：中国农业出版社，2003.

[2] 张颖彬，刘栩，鲁成银 . 中国茶叶感官审评术语基元语素研究与风味轮构建 [J]. 茶叶科学，2019，39（4）：474-483.

[3] 施兆鹏 . 茶叶审评与检验 [M].4 版 . 北京：中国农业出版社，2010.

[4] 周利，王新茹，张新忠，等 . 茶叶质量安全研究"十三五"进展及"十四五"发展方向 [J]. 中国茶叶，2021，43（10）：34-40.

怡然风雅的
文化洗礼

第五章

怡然风雅的文化洗礼

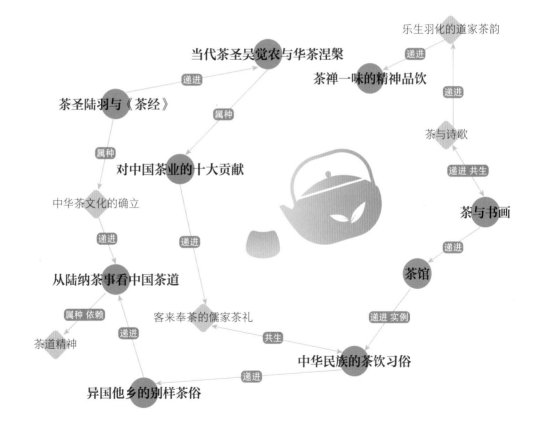

乐生羽化的道家茶韵

当代茶圣吴觉农与华茶涅槃

递进

茶禅一味的精神品饮

茶圣陆羽与《茶经》

递进

递进

属种

对中国茶业的十大贡献

茶与诗歌

属种

中华茶文化的确立

递进 共生

递进

递进

茶与书画

从陆纳茶事看中国茶道

递进

属种 依赖

客来奉茶的儒家茶礼

茶馆

递进

茶道精神

共生

递进 实例

中华民族的茶饮习俗

递进

异国他乡的别样茶俗

第一节 茶与文学

茶文学是指以茶为主题而创作的文学作品，虽然主题不一定是茶，但是有歌咏茶或描写茶的片段，其门类包括茶诗、茶词、茶文、茶对联、茶戏剧、茶小说等。

一、茶与诗歌：浅吟高歌总关情

中国的漫漫历史长河，总绕不开诗词歌赋。我国第一部诗歌总集《诗经》中就出现了"荼"字——"谁谓荼苦，其甘如荠"，这里的"荼"就是古代的茶。三国两晋南北朝时期，以茶为题的诗赋不多，唐、宋、元、明、清，涌现了大批以茶为题材的诗篇。以茶诗词的形式来统计，唐代有500余首，宋代有1000余首，元、明、清和近代有500余首。

🎬 茶与诗歌：
浅吟高歌总关情

（一）唐代以前的茶诗

根据陆羽《茶经》所辑，唐以前有四首诗提到了茶。

一为张载的《登成都楼诗》："借问杨子舍，想见长卿庐。程卓累千金，骄侈拟五侯。门有连骑客，翠带腰吴钩。鼎食随时进，百和妙且殊。披林采秋橘，临江钓春鱼。黑子过龙醢，果馔逾蟹蝑。芳茶冠六清，溢味播九区。人生苟安乐，兹土聊可娱。"此诗描述成都食物丰富，及在繁华之都饮茶的盛况，有嗅觉、味觉等方面的描写，将茶的地位和影响力以诗意的方式做了精确的表达。

二为孙楚的《出歌》："茱萸出芳树颠，鲤鱼出洛水泉。白盐出河东，美豉出鲁渊。姜桂茶荈出巴蜀，椒橘木兰出高山。蓼苏出沟渠，精稗出中田。"这一首是列举山川风物土特产的诗，常在茶叶史中作为史料被引用。

三为左思的《娇女诗》，长诗中专门有一段描述了两个女儿的形象："吾家有娇女，皎皎颇白皙。小字为纨素，口齿自清历。……有姊字惠芳，眉目粲如画。……

心为茶荈剧，吹嘘对鼎䥶。"此诗，夹叙夹议，在中国文学作品中第一次刻画了可爱的烹茶女性形象，有不可或缺的史料价值。

四为王微的《杂诗》中的段落："寂寂掩高阁，寥寥空广厦。待君竟不归，收领今就槚。""槚"为茶树的古称。本诗以少妇闺怨孤寂的心寻找慰藉的茶，茶的精神性亦从诗中隐现。

（二）唐代茶诗

中国文人嗜茶者在魏晋之前不算太多，但唐代以后凡著名文人而不嗜茶者几乎没有，他们不仅品饮，还咏之以诗。魏晋之前文人多以酒为友，入唐后以茶代酒蔚然成风。这一转变有其深刻的社会原因和文化背景。

唐代（618—907年），在陆羽成名之前的100多年中，收入《全唐诗》及《全唐诗外篇》的茶诗仅10余首。而从陆羽成名到唐朝灭亡的另100多年里，收入《全唐诗》及《全唐诗外篇》的茶诗多达378首，这也是茶文化具有代表性的标志之一。隋唐科举制起，无官不诗，在茶区任职的州府和县两级的官吏，近水楼台先得月，因职务之便大品名茶。茶助文思，令人思涌神爽，笔下生花。又适逢陆羽《茶经》问世，饮茶之风更炽，茶与诗词，两相推波助澜，咏茶佳诗应运而生。陆羽成名之后，茶诗的创作进入了一段空前繁荣时期。陆羽对唐代茶文化发展的推动作用，由茶诗的激增也可见一斑。

唐代诗圣杜甫，写有"落日平台上，春风啜茗时"之句，读来潇洒闲适。诗仙李白豪放不羁，对茶唱出赞歌："丛老卷绿叶，枝枝相接连。曝成仙人掌，似拍洪崖肩。举世未见之，其名定谁传。"所谓名茶入诗，就是从诗人李白开始的。韦应物《喜园中茶生》诗，有"洁性不可污，为饮涤尘烦。此物信灵味，本自出山原。"之句，赞美茶不但有驱除昏沉的作用，而且有荡涤尘烦、忘怀俗事的功能，这与《茶经》"为饮最宜精行俭德之人"的精神极为相似。而写过"忽如一夜春风来，千树万树梨花开"的边塞诗人岑参，描写夜宿寺院之际饮茶及观茶园的情形，一样精致细微。他在《暮秋会严京兆后厅竹斋》诗中写道："瓯香茶色嫩，窗冷竹声干。"一个"嫩"字，尽显茶的色香味。

中唐时期，大书法家颜真卿在湖州任职时，曾集结陆羽、皎然、张志和、孟郊、皇甫冉等五十多位诗人，吟诗品画作文，将茶艺、茶道精神通过诗歌加以渲染。茶人陆羽结识了许多文人学士和诗僧，《全唐诗》记载的《六羡歌》，就是他的茶诗杰作,诗云:"不羡黄金罍,不羡白玉杯。不羡朝入省,不羡暮入台。千羡万羡西江水,曾向竟陵城下来。"诗中的意境显然已超越了对某个个体的赞美,而是进入了茶人超越世俗的人生境况。

唐代诗人的饮茶诗中,最著名的当数较陆羽晚些时候的卢仝,他的名作《走笔谢孟谏议寄新茶》,描写了饮七碗茶的不同感觉,步步入深:"一碗喉吻润,两碗破孤闷。三碗搜枯肠,唯有文字五千卷。四碗发轻汗,平生不平事,尽向毛孔散。五碗肌骨清,六碗通仙灵。七碗吃不得也,唯觉两腋习习清风生。"诗中从个人的穷苦,想到亿万苍生的辛苦,在古今茶诗中,无论是意境,还是文学性,都可谓茶诗中的扛鼎之作。

刘禹锡是中唐著名文学家、大诗人,他写过的茶诗中,有一首名叫《西山兰若试茶歌》的诗,不仅在唐诗中留下了重要印记,还以诗人独特的观察力记录下了唐人制茶的过程,其中"斯须炒成满室香,便酌沏下金沙水"两句,将采摘、炒制和品饮的细节一一展现,是唐代出现炒青茶的重要史料,在制茶史上有着不可或缺的地位。

把茶大量移入诗坛,使茶能够与酒在诗坛中并驾齐驱的是大诗人白居易。白居易是唐代作茶诗最多的诗人,在他留世的2800多首诗作中,大约有60首和茶有关。他的诗作中写到早茶、午茶和晚茶,更有饭后茶、寝后茶,一天到晚茶不离口,是一个爱茶且精通茶道,识得茶味的饮茶大行家。在《山泉煎茶有怀》中,他说:"坐酌泠泠水,看煎瑟瑟尘。无由持一碗,寄予爱茶人。"其《食后》云:"食罢一觉睡,起来两瓯茶。举头看日影,已复西南斜。乐人惜日促,忧人厌年赊。无忧无乐者,长短任生涯。"诗中写出了他食后睡起,手持茶碗,无忧无虑,自得其乐的情趣。白居易茶诗中被广泛引用的是《琴茶》中的两句"琴里知闻唯《渌水》,茶中故旧是蒙山",以琴茶自娱,充分传递了其内心对高洁生活的向往。诗、酒、茶、琴为白居易的生活增加了许多的情趣。在他的《琵琶行》中,有"商人重利轻别离,前月浮梁买茶去",说明茶业商业化在当时的发展情况,成为茶文化史上的重要史料。

唐代诗人留下了不少茶的诗篇,开创了唐代茶诗的宏大意境。

(三)宋代茶诗词

宋代的茶诗、茶词比唐代还要多,有人统计可达千首。颇有代表性的是欧阳修的《双井茶》诗:"西江水清江石老,石上生茶如凤爪。穷腊不寒春气早,双井芽生先百草。"范仲淹的《和章岷从事斗茶歌》，共 42 行，堪称茶诗之最。

　　大文豪苏轼以才情名震天下，他的茶诗多有佳作，如《惠山谒钱道人 烹小龙团 登绝顶 望太湖》中的"独携天上小圆月，来试人间第二泉"，常为人所引用；其七律《汲江煎茶》为茶诗中翘楚，诗云："活水还须活火烹，自临钓石取深清。大瓢贮月归春瓮，小杓分江入夜瓶。茶雨已翻煎处脚，松风忽作泻时声。枯肠未易禁三碗，坐听荒城长短更。"杨万里高度评价道："七言八句，一篇之中，句句皆奇；一句之中，字字皆奇，古今作者皆难之。"

　　陆游是诗人中茶诗最多者，他一生写了 300 多首茶诗，他的《临安春雨初霁》"矮纸斜行闲作草，晴窗细乳戏分茶"一句，历来就是宋代"分茶"技艺的可靠史料，被专家反复研究。

（四）元、明、清茶诗

　　茶文化自两晋萌芽，唐成格局，两宋加以拓展，自元以降，以徐渭、唐寅、文徵明等人为典型代表的明代文人，也留下了大量文气沛然的茶诗。值得一提的是，明代茶诗中有不少反映人民疾苦、讥讽时政的咏茶诗。如高启的《采茶词》："雷过溪山碧云暖，幽丛半吐枪旗短。银钗女儿相应歌，筐中摘得谁最多？归来清香犹在手，高品先将呈太守。竹炉新焙未得尝，笼盛贩与湖南商。山家不解种禾黍，衣食年年在春雨。"诗中描写了茶农把茶叶供官后，其余全部卖给商人，自己却舍不得尝新的痛苦，表现了诗人对人民生活极大的同情与关怀。又如明代正德年间韩邦奇所作的诗《富阳民谣》，诗云：富阳山之茶，富阳江之鱼，茶香破我家，鱼肥卖我儿。采茶妇，捕鱼夫，官府拷掠无完肤。皇天本至仁，此地独何辜？鱼兮不出别县？茶兮不出别都？富阳山，何日颓？富阳江，何日枯？山颓茶亦死，江枯鱼亦无。山不颓，江不枯，吾民何以苏？其深刻激愤之程度在历代茶之诗文中均不曾见到。

　　清代茶诗多。清高宗乾隆皇帝曾数度下江南游山玩水，也曾到杭州的云栖、天竺等茶区，留下不少诗句。他在《观采茶作歌》中写道："火前嫩，火后老，惟有骑火品最好。西湖龙井旧擅名，适来试一观其道……"乾隆写过许多茶诗，相对而言，史料价值大，艺术价值小。

图 5.1　萧翼赚兰亭图

二、茶与书画：饱沾茶色写国饮

对中国的文人而言，琴棋书画是连在一起的，会写诗，也会书
画，就好像是一个有学问的人必备的艺术修养。

（一）茶与绘画

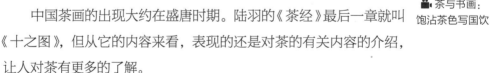

茶与书画：
饱沾茶色写国饮

中国茶画的出现大约在盛唐时期。陆羽的《茶经》最后一章就叫
《十之图》，但从它的内容来看，表现的还是对茶的有关内容的介绍，
让人对茶有更多的了解。

历史上出现的真正意义上的第一幅茶画是唐代阎立本（传）所作的《萧翼赚兰
亭图》（图 5.1，原本已丢失，本图为南宋摹本）。画中描述了儒士与僧人共品香茗
的场面，核心内容是一个叫萧翼的官员遵照唐太宗的旨意，乔装成书生去拜见僧
人辩才时，套出了辩才藏有王羲之书法作品《兰亭集序》的秘密。画的左侧便是两
个侍者在煮茶，一个侍者左手持着茶铛在风炉上，右手持着茶夹正在烹茶，另一
个侍者双手捧着茶托盘弯着腰，正小心翼翼地准备分茶，以便奉茶。侍者的左侧
有一个具列，上面置一个茶碗、一个茶碾、一个朱红色的小罐。阎立本这幅画作
为世界上第一幅茶画，为中国茶文化留下了不可或缺的一道风景线。

图 5.2　明皇合乐图

图 5.3　宫乐图

　　张萱（传）所绘的《明皇合乐图》（图 5.2），是一幅宫廷帝王饮茶的画作。还有一幅唐代佚名作品《宫乐图》（图 5.3），是描绘宫女们集体饮茶的大场面。唐代是茶画的开拓时期，对烹茶、饮茶具体细节和场面的描绘比较具体细腻。

图 5.4　调琴啜茗图

图 5.5　文会图

　　《调琴啜茗图》（图 5.4）据说是唐代周昉所作，画中描绘的是：三个贵族女子，一个调琴，一个拢首端坐，一个侧身向调琴者，手里拿着一个茶盏靠向唇边，又有两个侍女站在旁边，衬以树木浓荫，瘦石嶙峋，渲染出十分惬意的气氛。

　　五代至宋，茶画内容趋于丰富，有反映宫廷、士大夫大型茶宴的，有描绘士人书斋饮茶的，有表现民间斗茶、饮茶的。这些茶画，大多是名家大手笔，所以在艺术手法上更进了一步，其中不乏思想内涵丰富的茶画。

　　南宋茶事之盛，亦如画事之盛，主要原因是宋徽宗赵佶的推崇。赵佶擅画又喜茶，创"瘦金体"，亲自撰写了一部茶文化经典著作——《大观茶论》，合璧而成文人雅集品茶图——《文会图》（图 5.5）。上行下效，有宋一代饮茶蔚然成风，而为一大时髦，当是顺理成章之事。

　　南宋有刘松年所画的《撵茶图》与《茗园赌市图》传世，三幅茶事图，正好展

图 5.6　撵茶图　　　　　　　　　　　　图 5.7　茗园赌市图

示了当时社会三个主要阶层、两种主要的饮茶方式，几乎可以看作宋代饮茶的全景浓缩图。《撵茶图》（图 5.6）描绘的是当时贡茶的饮用情况，从图中茶的饮用方式，即煎煮饮用之前有一个用磨碾茶的过程来看，他们饮用的是团茶。而《茗园赌市图》（图 5.7）则是市民斗茶，此画被后来画家屡屡仿之，如元代钱选（传）的《品茶图》、南宋佚名的《斗浆图》，均是取其局部稍加改动而画成的。当时市民不但饮茶，而且盛行从饮茶引申出来又脱离饮用茶的游戏形式（斗茶），还成为一种习俗，可见南宋茶事之盛。作为宫廷著名画师的刘松年，一而再再而三地画茶事，更增其佐证。

南宋佚名的《斗浆图》（图 5.8），图中六人，有人一手提竹炉，另一只手持盏，似在与对面品茶之人谈论；又有一人手执高身细颈长嘴壶往茶盏中斟茶、一人在后边提茶瓶边夹炭理火；六位斗茶人身边都有全套的工具，大到加热所需的炭火、小到茶筅和茶盏，无一不备。人物生动，布局严谨。

明代唐寅、文徵明也都有以品茶为题材的作品传世。唐寅的《事茗图》（图 5.9）中，层峦耸翠、溪流环绕的小村，参天古木下有茅屋数间，飞瀑似有声，屋中一人置茗若有所待，小桥流水上有一老翁依杖缓行，后随抱琴小童，似客应约而至，细看侧屋，则有一人正精心烹茗。画面清幽静谧，而人物传神，流水有声，静中蕴动。

图 5.8　斗浆图

图 5.9　事茗图

　　文徵明的《惠山茶会图》(图 5.10)，描绘了明代举行茶会的情景。茶会之地，山岩突兀，绿树成荫，树丛有井亭，岩边置茶棚。与会者有主持烹茗的、有在亭中休息待饮的、有观赏山景的，正值茶会将开未开之际。

图 5.10　惠山茶会图

明代丁云鹏的《玉川煮茶图》
（图 5.11），描绘的画面是花园的一
隅，两棵大芭蕉树下的假山前坐着主
人卢仝——玉川子；一个老仆提壶取
水而来，另一老仆双手端来捧盒；卢
仝身边石桌上放着待用的茶具，他左
手持羽扇，双目凝视熊熊炉火上的茶
壶，壶中松风之声仿佛可闻。

清代茶画重杯壶与场景，轻烹
调细节，常以茶画反映社会生活，特
别是康熙、乾隆鼎盛时期的茶画，以
和谐、欢快场景为主。

图 5.11　玉川煮茶图

（二）茶与书法

对中国书法稍有常识者，不会不知道蔡襄、苏轼、徐渭等一代大家，他们都与茶有"书缘"。

唐代是书法盛行时期，僧人怀素，喝醉了酒，手指头、袖口、手绢，沾了墨就往墙上涂去，龙飞凤舞，号称狂草，可谓一代大家。他写的《苦笋帖》，上曰："苦笋及茗异常佳，乃可径来。怀素上。"陆羽对他推崇备至，专门为他写了《僧怀素传》。

蔡襄在督造出小龙团饼茶的同时，书法也从重法走向尚意。蔡襄的字，在北宋被推为榜首，他写的《茶录》（图 5.12），从文上说写的是对《茶经》的发展，从字上说是有名的范本。另有《北苑十咏》《精茶帖》等有关茶的书传世，被誉为茶香墨韵的珠联璧合。

明代，才子辈出，且喜欢在画作上题诗盖印，如唐寅画过一幅《事茗图》，题有："日长何所事，茗碗自赍持；料得南窗下，清风满鬓丝。"字也飘逸，人也飘逸，寒而不酸，真风流也。还有个了不起的大家徐渭，在他留下的墨宝中，有一幅《煎茶七类》草书，满眼青藤缠绕之感。

清代有扬州八怪名冠于世。八怪之首——金农精于隶楷，自创"漆书"，书过《述茶》（图 5.13）一轴："采英于山，著经于羽，荈烈馥芳，涤清神宇。"字有金石味，不禁使人想起张岱笔下的日铸茶，凌凌有金石气。

八怪中以画梅著称的汪士慎，一生追求品尝各地名茶，有"茶仙"之称，他

图 5.12　茶录　　　　　　　　　　　　　　图 5.13　述茶

说："蕉叶荣悴我衰老，嗜茶赢得茶仙名。"茶魂梅魄浑然一体。

现代书法家中以茶入诗的，首推故世的中国佛教协会前会长赵朴初，他是大佛学家，工诗书，也是爱茶人。诗云："七碗受至味，一壶得真趣。空持百千偈，不如喝茶去。"这亦是一首佛门偈句，用茶来揭示人生哲理。

茶和书法，之所以通融，因其有共同抽象的高雅之处。书法讲在简单线条中求丰富的内涵，亦如茶在朴实中散发清香。茶与书法的共同之处是，通过将茶人与书法家合二为一的中国文人来实现的。

三、茶与歌舞：载歌载舞青枝摇

茶与歌舞：
载歌载舞青枝摇

《溪水清清溪水长》是一首著名的茶歌，由周大风先生作词、作曲，在诸多茶的歌舞作品中极具代表性。茶歌、茶舞，和茶与诗词的情况相同，都是从茶叶生产、饮用这一主体文化中派生出来的茶文化现象。茶歌舞以茶谣为始，茶民在山上采茶，风和日丽，鸟语花香，忍不住就开始唱，唱多了，便形成了风格、调子，足之蹈之，手之舞之，成了茶舞。

明清时，茶市贸易空前繁荣，一些茶叶集散地到处都设有茶坊、茶行。当时人们爱唱的采茶小调和一些民间山歌俚曲，便在作坊里的采茶姑娘之间传唱。民间卖唱艺人也常到茶行里去坐堂演唱，招待各方茶客，有时也在村户人家的喜庆日子演唱。茶歌唱多了，就形成了自己的曲牌，如《顺采茶》《倒采茶》《十二月茶歌》《讨茶钱》等，一个调子，任集体、个人重新填词。

在江西武宁有一种气势磅礴的大型山歌，叫打鼓歌。一名鼓匠击鼓领唱，众人一边劳动，一边答和，演唱时间长，且有一套约定的程序。其中有不少属于茶歌，如：郎在山中砍松桠，姐在平地摘细茶，手指尖尖把茶摘，一双细脚踏茶芽，好比观音站莲花。

类似的茶歌，除江西、福建外，其他如浙江、湖南、湖北、四川等省的地方志中，也有不少记载。这些茶歌一开始未形成统一的曲调，后来孕育成了"采茶调"，使采茶调与山歌、盘歌、五更调、川江号子等并列，发展成为我国南方的一种传统民歌形式。当然，采茶调变成民歌的一种格调后，其歌唱的内容，不一定局限于茶事或与茶事有关的范围。

"采茶调"是汉族的民歌，在我国西南一些少数民族中，也演化产生了不少诸如"打茶调""敬茶调""献茶调"等曲调。例如，居住在滇西北的藏族同胞，在劳动、生活时，随处都会高唱不同的民歌。挤奶时唱"挤奶调"；结婚时唱"结婚调"；宴会时唱"敬酒调"；青年男女相会时唱"打茶调""爱情调"。又如，居住在金沙江西岸的彝族人，旧时结婚第三天祭过门神开始正式宴请宾客时，吹唢呐的人，按照待客顺序，依次吹"迎宾调""敬茶调""敬烟调""上菜调"等。

以茶事为内容的舞蹈，目前主要是流行于我国南方各省的"茶灯"或"采茶灯"。茶灯和马灯、霸王鞭等，是过去汉族比较常见的一种民间舞蹈形式，是福建、广西、江西和安徽等地"采茶灯"的简称。在江西，还有"茶篮灯"和"灯歌"的名字；在湖南、湖北，则称为"采茶"和"茶歌"；在广西又被称为"壮采茶"和"唱采舞"。这一舞蹈不仅各地名字不一，跳法也有所不同。一般由一男一女或一男二女（也可有三人以上）参加表演。舞者腰系绸带，男的持一鞭作为扁担、锄头等，女的左手提茶篮，右手拿扇，边歌边舞，主要表现出了人们在茶园的劳动生活。

一些少数民族中盛行以敬茶和饮茶的茶事为内容的盘舞、打歌，也可以说是一种茶舞蹈。如彝族打歌时，客人坐下后，主办打歌的村子或家庭，老老少少，恭恭敬敬，在大锣和唢呐的伴奏下，手端茶盘或酒盘，边舞边走，把茶、酒一一献给每位客人，然后再边舞边退。云南洱源白族打歌，也和彝族极其相似，人们手中端着茶或酒，在领歌者的带领下，唱着白语调，弯着膝，绕着火塘转圈圈，边转边抖动和扭动上身，以歌纵舞，以舞狂歌。

在中国的广大茶区，流传着代表不同时代生活背景的、发自茶农及茶工的民间歌舞。现在流行于江西等省的"采茶戏"，便是从茶区民间歌舞中发展起来的。同时还有众所周知并受人喜爱的《采茶扑蝶舞》和《采茶舞曲》等代表作。在采茶季节，茶区山乡有"手采茶叶口唱歌，一筐茶叶一筐歌"之说。不少采茶姑娘在采茶时，唱出蕴含丰富感情的情歌。在傣族、侗族的青年男女中，更有一面愉快地采茶，一面对唱着情歌而终成眷属的。江南凡是产茶的省份，诸如江西、浙江、福建、湖南、湖北、四川、贵州、云南等地，均有茶歌、茶舞和茶乐，其中以茶歌居多。现在最著名的茶歌舞，当推音乐家周大风作词、作曲的《采茶舞曲》。舞蹈中有一群江南少女，以采茶为内容，载歌载舞，满台生辉。

现代茶艺馆里，因其音乐的特殊性，出现了一种茶道音乐，专门在茶馆里播放。曲子中仿佛透着茶的袅袅清香，是非常得茶之神韵的。有的时候，茶艺馆也放西洋乐，如克莱德曼的《水边的阿狄丽娜》等曲子。各种各样的趣味在茶艺馆里流行，也算是百花齐放、相得益彰。

第二节　茶与习俗

一、茶馆——谈天说地的民间沙龙

中国虽地大物博，民风各异，但哪里都有茶馆。茶馆的前身是茶铺，唐代已有，发展至宋代，已遍布城乡，同时出现了茶户、茶市和茶坊。

📹 茶馆：
谈天说地的
民间沙龙

茶馆的本质意义在于，它为公众提供了公共的饮茶空间，即人们在家庭圈子之外的活动区域。茶馆给朋友和不相识的人提供了社交场所，实际上是整个社会的缩影。

中国的茶馆不仅与西方的咖啡馆、酒店和沙龙有许多相似之处，而且其社会角色更为复杂，其功能已远远超出了休闲的范围。追求闲逸只是茶馆生活的表面现象，茶馆是各种人物的活动舞台，并经常成为社会生活和地方政治活动的中心。陈独秀在北京为早期的革命行动散发传单，就是在北京茶馆中完成的；1949 年新中国成立前夕，山城重庆地下党接头的秘密活动也多在茶馆进行。文学作品中的许多场景也选择了茶馆：在刘鹗《老残游记》的"明湖居茶馆"中，可欣赏鼓书艺人王小玉的演出；在鲁迅《药》的"华老栓茶馆"里可听到杀革命党的传闻并目睹华小栓吃人血馒头的场景；在老舍《茶馆》的"北京老茶馆"里你更可见到 1889 年清末社会各色人等，包括闻鼻烟的、玩鸟的、斗蛐蛐的、特务、打手等。总之，一个小茶馆就是人间大社会的缩影。

中国的茶馆，中西部以成都为代表，岭南以广州为代表，江南以苏杭为代表，而北方则以北京为代表。围绕着这些大城市，又有无数乡村城镇的小茶馆，星罗棋布地分布在中国民间的各个地方，构成特有的乡风民俗，成就一幅中华民族伟大的民俗画卷。

（一）成都茶馆

民国时期，著名的民主人士黄炎培在访问成都时，写有一首打油诗描绘成都人日常生活的闲逸，其中两句："一个人无事大街数石板，两个人进茶铺从早坐到晚。"20世纪30年代的成都给他印象最深刻的是人们生活的缓慢节奏：在茶馆里，无论哪一家，从日出至日落，皆高朋满座，且常无隙地。成都人自嘲这个城市有三多：闲人多、茶馆多、厕所多。茶馆的常客：一是"有闲阶级"，包括地方文人、退休官员、寓公和其他社会上层人士；二是"有忙阶级"，包括在茶馆演出的艺人，借茶馆为工作场所的商人、算命先生、郎中、手艺人，以茶馆为市场、待雇的小商小贩和苦力等。

成都旧时形成了十分独特的茶馆开办模式。不需要很多资本，只要有桌椅、茶具、灶和一间陋室便具备基本条件。开张前老板已把厕所的"掏粪权"租给了挑粪夫，把一个屋角租给了理发匠，如果有人想在此茶馆提供水烟和热帕服务，也必须先交押金，预付的定金足够开办之资。另外，肉店、饮食摊等也常靠茶馆拉生意，亦愿意投资。所以只要计划得当，开办茶馆可以白手起家。这种集资方式，反映了一个社区中人们相互之间的依赖关系。

堂倌遍布成都、重庆的茶馆，是成都茶馆文化的一绝，人称"吆师"，或者叫"茶博士"。他们拎着长嘴壶隔桌传送茶水。茶馆一般按其所售茶的碗数来计堂倌的工资。堂倌是成都茶馆的"灵魂"，这些堂倌都具有招呼客人热情、掺水及时、清理桌子茶具干净快捷、找钱准确以及待客殷勤等特点。一首形容他们的民谣唱道："日行千里未出门，虽然为官未管民，白天银钱包包满，晚来腰间无半文。"他们的掺茶技术可谓一绝，一手提紫铜茶壶，另一手托一摞茶具，经常多达20余套，未及桌子，便把茶船、茶碗撒到桌面，茶碗不偏不倚飞进茶船，而且刚好一人面前一副。顾客要求的不同种类的茶也分毫不差。只见他距数尺之外一提茶壶，开水像银蛇飞入茶碗，无一滴水溅到桌面。然后他向前一步，用小指把茶盖一一钩入茶碗。整个过程一气呵成，令外乡人瞠目结舌，如看一场魔术表演。

茶馆的茶具和家具也别具一格。茶具一般由茶碗、茶盖和茶船（茶托或茶盘）组成，这也是为何四川人称其为"盖碗茶"的原因。桌椅也具地方色彩，一般是小木桌和有扶手的竹椅。

历史上的成都茶馆有别于其他城市的茶馆的地方，在于它的下里巴人性。对于一个男人来说，这是一个毫无拘束的地方。如果他需要理发，理发匠就可在他座位上服务；在茶馆脱下鞋让修脚师修趾甲也无伤大雅；甚至推拿、按摩、掏耳朵都可以。如果寂寞，则可听别人闲侃，或加入其中"摆龙门阵"；如有急事，只需把茶碗推到桌子中央并告诉堂倌"留着"，数小时后，回来继续品饮。

历史发展到今天，成都茶馆中的许多文化事象已经消亡，但其大众性、随意性和广泛性，至今犹在。数千家成都茶馆中的麻将声，依旧传递着那已经远去的茶馆喧闹。

（二）广州茶馆

广州茶馆之所以可雄居一方，其特点是：一在于它的工夫茶冲泡法，二在于它与点心之间存在着合二为一的关系。在广州喝早茶，实际上就是吃早饭，茶是帮助点心下肚的饮料。

广州的茶馆又叫茶楼、茶居、茶艺乐园、茶艺馆、茶道馆。清代咸丰、同治年间，广州城乡普遍开设"二厘馆"，因茶价低廉，每位只收二厘（相当于2文铜钱）而得名。这些茶馆供应清茶和充饥的大饼、松糕，被称为"一盅两件"，即一盅茶，两件点心。光绪年间前期，这种风格的茶楼开始讲究起来，先出现了在食谱上推陈出新的茶楼，楼高三、四层，继而出现了不仅楼高而且装饰得雅致名贵的茶居，如陶陶居、陆羽居等。

今天的广州，出现了以茶楼为主的各式茶馆，"水滚茶靓"招揽四方茶客。茶类丰富，其中以香高味醇的乌龙茶类为多，辅以红茶、普洱茶、寿眉、龙井、花茶等。茗茶与精美食品、点心，相得益彰。茶楼在装潢上争妍斗丽，食谱上花样翻新，已发展出点心数百种，堪称全国之冠，形成广州茶楼的特色，具有很浓的岭南色彩。

（三）杭州茶馆

杭州为江南水乡泽国，丘陵群山是产茶的绝佳之处，城市与乡野山水连成一体，有茶有水有人群，茶馆便应运而生。最早记载杭州茶馆是在两宋时代，人们生活得相当艺术化，所以宋代著名词人柳永在《望海潮》中开门见山："东南形胜，三吴都会，钱塘自古繁华。"当时的茶馆集中开在皇城根边，非常热闹，已经分出各种不同的种类，有听琴说书就着茶的，有文人雅士聚会开茶话会的，市井引车卖浆者流则常常在街头茶摊上边斗茶、边谈天说地，那时已经出现了花茶坊，也就是妓院与茶楼的结合。南宋画师刘松年专门有《茗园赌市图》和《斗茶图》，记录了宋代时的这一民俗场景。

南宋的杭州也出现了一种被称为瓦肆的游艺场所，说书人说书，坐着的人品茶听书，入迷之极。岳飞被平反昭雪之后，事迹立刻被搬入瓦肆，有"一市秋茶说岳王"之诗句，把茶与英雄极其优雅地结合在了一起。

明代杭州茶肆、茶楼依然林立，成为这个城市的一种生活象征。有茶馆老板，每逢花事兴起，便在茶馆开花展，以此招揽茶客，一时也博得这个以休闲著称的城市的传颂，并被载入史册。清末民国初年的杭州，茶馆业十分兴旺，不少革命志士（如秋瑾、陶成章），也经常在茶馆中谋划革命。各个茶馆分工也往往不同：有专门斗鸟的、有专门作人力市场的、有专门下棋的。当时的茶馆有两百多家，在这样的传统与氛围影响下的杭州茶馆，能在中国茶馆中独树一帜，自然可以理解。

今天杭州的茶馆有近千家，已发展成时尚多用的茶空间，茶馆不仅可以喝茶，更成了人们精神生活的空间。

（四）北京茶馆

北京是一座有着悠久历史的古都，历来是中国的"心脏"，其茶文化当"集天下之大成"。各种茶馆种类繁多，功用齐全，文化内涵极为深邃。清代时饱食终日的八旗子弟经常泡在茶馆中，消磨时光。而民国时期，各式茶馆又成了官僚政客、有闲阶层经常出没的场所。茶馆大多供应香片茶、红茶和绿茶。茶具大多是古朴的盖碗、茶杯。茶馆为茶客准备了象棋、谜语等，供茶客消遣娱乐。茶馆融饮食、娱乐于一体，卖茶水兼供茶点，还有评书茶馆，说的多是《包公案》《雍正剑侠图》《三侠剑》等，还有艺茶社，看杂耍，听相声、单弦，品品茶，乐一乐，笑一笑。茶客可谓茶瘾、书瘾一块儿过。

老北京茶馆有各种类型，常见的有大茶馆、清茶馆、书茶馆、野茶馆和戏茶馆、杂耍馆、坤书馆等。

大茶馆门面开阔，前堂后院，内部陈设考究，有的茶馆前还有空地，在空地上也置茶桌，供茶客品茗、下棋、聊天。老舍笔下的《茶馆》，描写的即是此等茶馆。大茶馆的头柜，管外卖及条桌账目，二柜管账目，后柜管后堂及雅座账目，各有各的岗位和职责。茶座前都用盖碗，品茶的人以清谈为主。冬日里茶客们带着葫芦、蟋蟀、蝈蝈、蝴蝶、螳螂等，边喝、边玩、边观赏，喝到中午回家吃饭或临时有事外出，就将茶碗扣在桌上，吩咐堂倌后，回来便可继续品用。因用盖碗，一包茶叶可分两次用，茶钱一天只付一次，且极其低廉。

清茶馆以卖茶为主，环境幽雅，茶具清洁，门面古色古香，店内设方桌、条凳，还有免费提供的棋具。檐下挂小木招牌，上写"龙井""雨前""毛尖"等茶叶名目，小木牌下坠以红布条，如果是清真茶馆则坠以蓝布条。清茶馆中的茶客很复杂，有遛早儿归来的老者，有遛鸟儿歇脚的公子哥儿，有经纪人、捐客。有的在此休息、闲谈，有的以此为交易场所，也有生意人、手艺人集会聚谈生意、行情，互通信息。

书茶馆文化气息较浓厚。每日开讲两场评书，书前卖茶，并兼售茶点、瓜子佐茶，开讲后即不卖茶。书茶馆中除喝茶外兼说评书。茶客除照付茶资外，另付评书费。说评书者一般在下午和晚上，俗称"灯晚儿"。评书界的许多名艺人，当初都是在书茶馆中献艺的。清朝末年，北京的书茶馆达 60 多家。

野茶馆是设置于乡村野外的小茶坊，泥坯土房、芦苇屋顶、上砌桌凳、沙包茶壶、黄沙茶碗。所沏茶色黑、味苦，而饮茶环境则清雅幽静，富有田园野趣，空气也清新自然。桌椅茶具都十分简陋，茶水也无"龙井""毛尖"之类的讲究，有的是醇郁醉人的乡野情趣。还有一种十分简陋的小茶摊，专为过往行人解渴用。

北京的茶馆曾经衰落过一段时期，因茶文化复兴而再次兴起，现在北京的茶艺馆发展到数百家，其中，老舍茶馆环境典雅，陈设古朴。漏窗茶格、玉雕石栏，顶悬华丽宫灯，壁挂名人字画，清式的桌椅，充满了传统的京式风味。男女服务员身着长衫、旗袍，提壶续水、端送茶点，穿梭不停。上、下午售卖饭菜，入晚茶馆还有北京琴书、京韵大鼓、口技、快板以及京剧昆曲票友彩排等文艺表演。因此，老舍茶馆最能体现北京的地方特色，它既是北京的一张金名片，又是中外游客了解北京的重要窗口。

今天的中国茶馆，有了自己的行业标准，有了职业的茶艺师，茶空间已然成为茶馆的发展方向，各类茶事活动和文化活动都可在这里举行。一些茶馆既成了城市的名片，也成了人们生活中不可或缺的精神空间。

二、中华民族的茶饮习俗

茶俗是风俗的一个支系，而风俗则是指自然条件不同而形成的风尚和习俗。茶俗作为中国民间风俗的一种，既是中华民族传统文化的

中华民族的
茶饮习俗

积淀，也是人们心态的折射。它以茶事活动为中心贯穿于人们的生活，并且在传统的基础上不断演变，成为人们文化生活的一部分。

柴米油盐酱醋茶，论及茶文化之习俗，往往会从日常生活中的"开门七件事"说起。元人杂剧《刘行首·二折》中就有这样的台词："教你当家不当家，及至当家乱如麻；早起开门七件事，柴米油盐酱醋茶。"明代著名画家、文学家唐寅有首名为《除夕口占》的诗，劈头便用此七字："柴米油盐酱醋茶，般般都在别人家。岁暮清淡无一事，竹堂寺里看梅花。"诗人借此来反映穷困不堪的景况，亦借以解嘲，别有情趣。还有一首民间诗人的诗云："书画琴棋诗酒花，当年件件不离它。而今七字都变更，柴米油盐酱醋茶。"诗人由充满闲情逸致的富裕生活，沦落到为生活奔波，可谓苦也，因此长吁短叹。

从日常生活中的七件事提炼而出的茶文化习俗，成就了今天茶文化中习俗文化的主要事象。中国饮茶习俗多达数百种，但归纳起来可以分为以下几个方面。

（一）以茶祭祀

中国各民族都有以茶为祭品的习俗。

云南布依族人的祭祀活动，祭品主要是茶。居住在云南丽江的纳西族人，临终前都要往嘴里放些银末、茶叶和米粒，分别代表钱财、喝的和吃的。

（二）客来敬茶

就汉民族而言，中国江南一带有"打茶会"的待客习俗。年轻的嫂嫂、年长的婆婆每年在本地村坊里，要相互请喝茶3～5次。一般事先约好到哪家，主人在约好的当天下午，先劈好柴，洗净茶碗和专煮茶水的茶罐，在家等候姐妹们的到来，边品茶边拉家常。她们之中，有的拖儿带女，有的手拉孙儿、孙女，有的边做针线边品茶，谈笑风生，热闹非凡。

中国南方某些省份的各民族之间，还流行着一种喝"擂茶"的习俗。"擂茶"是农家招待客人必备的饮料，其原料一般用茶叶、大米、橘皮备制，讲究的人家还放入适量的中药，如甘草、川芎、肉桂等。其滋味香甜，在炎炎夏日还有清凉解暑的功效。在喝"擂茶"的同时，主人家还备有佐茶的食品，如花生、瓜子、炒黄豆、爆米花、笋干、南瓜干、咸菜等，具有浓厚的乡土气息。

（三）婚姻茶俗

旧时男婚女嫁时，茶在其中扮演了重要的角色，以茶缔婚是有其内在缘由的。

古人认为，茶树不宜移栽，故大多采用茶籽播种。"不宜移栽"逐渐被诠释为"不可移植"，最后又演变成"从一而终"。由于茶性不二移，表示忠贞不移。因此，人们常将茶作为象征婚姻长久的吉祥珍品。

云南西北纳西族称订婚为"送酒"，送酒时除送一罐酒外，还要送茶二筒、糖四盒或六盒、米二升。云南白族订婚礼物中也少不了茶，如大理洱海边西山白族"送八字"的仪式中，男方送给女方的礼物中都有茶。而甘肃东乡族人订婚前，男方家请媒人到女方家说亲，应允后，男方会送给女方一件衣料、几包细茶，即算定了亲，故称"定茶"。总之，不论汉族还是少数民族，凡是女方接受了男方的茶以后，一般来说，婚姻就不能更改了。

（四）节庆喝茶

中华民族的各种茶俗，一年四时均有所闻，尤其集中在节日岁时之中。信手拈来，都是例子。

大年初一元宝茶：江南一些茶楼、茶室、茶店，无论通衢大道还是里巷小街，在大年初一，老茶客总会得到"元宝茶"的优惠。所谓"元宝茶"，一是茶叶比往常提高一个档次，如原先喝"茶末"，这天喝"茶梗大叶"，并在茶缸中添加一颗"金橘"或"青橄榄"，这就是"元宝"，象征新年"元宝进门，发财致富"；二是茶缸上贴有一个红纸剪出的"元宝"，大致意思无外乎"招财进宝"。在一些上档次的茶室茶楼中，大年初一，不仅能喝"元宝茶"，而且还供给瓜子、花生、寸金糖、芝麻糕之类的茶食。茶具也比较讲究，茶食用碟子装，氛围自然比小茶店要雅致。

清明尝新茶：旧时没有大棚培植茶叶，如遇天时适宜，清明前采摘到的头档茶虽不会多，但总可采到一些。这种"明前茶"最为名贵。清明这一天，一些来茶区的贵客，茶农大都会请其品尝"新茶"。清明尝新茶，以茶祭祖，作为一种茶俗，人所向往之。

端午茶：端午节又称端阳、重午、重五等。中国人的习俗除吃端午粽外，还在中午餐桌上摆出"五黄"，即黄鱼、黄鳝、黄瓜、咸鸭蛋黄和雄黄酒。雄黄酒性热，饮后燥热难当，必须喝浓茶以解之。一般人口较多的家庭，总是泡一茶缸浓茶供家人饮用。端午茶由此而成为不可缺少的"时令茶"，相沿成习。

盂兰盆会茶：农历七月十五古谓中元，俗称"鬼节"，是夜，设席宴鬼，摆茶供鬼饮。家家户户，从七月十三夜间到七月十八午夜，在天井设七至九碗茶水，供过往鬼魂饮用，名之曰"盂兰盆茶"。而这段时间，民间多演"目连戏"，在戏台旁必置大缸盛"青蒿茶"，供看客饮用。

　　春节三碗茶：春节期间，江南女主人往往先给客人端上一碗甜茶（糖汤），然后送上一碗烘青豆加胡萝卜丝的咸茶，最后泡上一碗细嫩的香绿茶。

　　以上种种岁时、茶节的饮茶方式，发展到今天就更加丰富多彩了。其中有各种各样的调饮茶，也出现了茶与酒的结合——茶酒，还有各种国外的茶俗，如日本的煎茶和斗茶、英国的下午茶等，都进入了人们的生活中，丰富着茶文化的各个品相。

三、异国他乡的别样茶俗

　　中国的饮茶习俗流布世界之后，与各国各民族的习俗相结合，形成了各国各民族自己的独特风貌，其中亚洲以日本茶道、韩国茶礼为代表，非洲和欧洲亦构成各自的茶文化风景线。以下将选择各大洲具有代表性国家的茶俗予以介绍。

■ 异国他乡的
别样茶俗

（一）摩洛哥茶俗

　　摩洛哥人饮茶往往在街头地角，或在家中席地而坐（图 5.14）。水煮沸了之后，放入绿茶，加几勺白糖，撒一把新鲜的薄荷，再从茶壶中冲水入杯（图 5.15）。漂亮的银器是他们最向往的茶具，品茶是他们日常生活中须臾不可分割的重要组成部分。

图 5.14　摩洛哥人席地饮茶

图 5.15　摩洛哥薄荷绿茶

（二）巴基斯坦茶俗

巴基斯坦气候炎热，居民多食牛、羊肉和乳制品，缺少蔬菜，因此，长期以来便养成了以茶代酒、以茶消腻、以茶解暑的生活习惯。巴基斯坦人普遍爱好的是牛奶红茶，大多采用茶炊烹煮法（图5.16）。在巴基斯坦的西北高地也有饮绿茶的，多数配以白糖，并加几粒小豆蔻，以增加清凉味。倘有亲朋进门，多数习惯用烹煮的牛奶红茶招待，而且还伴以糕点。巴基斯坦是全世界喝茶最多的国家之一。

（三）土耳其茶俗

土耳其如今已经是人均消耗茶叶排名第一的国家，他们酷爱红茶。土耳其人早晨起床，未曾用餐，先得喝杯茶（图5.17）。煮茶时，使用一大一小两把铜茶壶，待大茶壶中的水煮沸后，冲入放有茶叶的小茶壶中，浸泡3～5min，将小茶壶中的浓茶按个人的需求倒入杯中，最后再将大茶壶中的沸水冲入杯中，加上一些白糖。土耳其人煮茶讲究调制功夫，认为只有色泽红艳透明、香气扑鼻、滋味甘醇的茶才恰到好处。

图5.16　巴基斯坦煮茶　　　　图5.17　土耳其人饮茶

（四）马来西亚茶俗

马来西亚人爱喝拉茶，拉茶是马来西亚人独创的（图5.18）。所谓拉茶，实际上是一种用特殊工艺制作成的奶茶，使用的原料通常是红茶（图5.19）。做法是先将红茶泡好，滤出茶渣，并将茶汤与炼乳混合；倒入带柄的不锈钢铁罐内（图5.20），然后一手持空罐，一手持盛有茶汤的罐子，将茶汤以约1m的距离，倒入空罐，如此动作反复交替进行不少于7次，就可调制出一杯既有茶叶风味，又有

图 5.18　马来西亚拉茶

图 5.19　红茶

图 5.20　马来西亚拉茶茶具

牛奶浓香的马来西亚拉茶了。在马来西亚这样一个多元种族社会里，不论是马来人还是华人、印度人、欧洲人等，都酷爱饮用充满南洋风味的拉茶。

（五）英国茶俗

英国茶俗以下午茶为代表。从下午四时开始，下午茶便成为生活中雷打不动的传统。学术界的交流被称为"茶壶与茶杯精神"，电视台下午四时的节目谓之"饮茶时间"，英国大文豪萧伯纳调侃说："破落户的英国绅士，一旦卖掉了最后的礼服，那钱往往还是饮下午茶用的。"而一首英国民歌则这样总结："当那时钟调动第四响，一切的活动皆因饮茶而终止。"

在家中泡茶接待客人通常是女主人的责任（独居男士除外）。当时喝茶时吃的点心，一般是一小片面包和奶油；现在的点心不但精致，而且种类繁多，有面包、土司、松饼、蛋糕、煎饼等，在正式的下午茶中必不可少。

自 19 世纪下午茶习俗定型之后，英国上流社会立刻开始追随这种时尚，举办茶宴是他们经常进行的社交活动。有在花园里喝的茶，有在家里享用的茶，也有网球茶、野餐茶等，不一而足。这样的传统在英国一直延续至今，并不断制造出相当优雅、精致、安静的气氛，令人心驰神往。

（六）美国茶俗

美国人最流行的是喝冰茶，源自 1904 年圣·路易斯召开的世界贸易博览会。当时，美国人饮用的大多数茶是来自中国的绿茶，为了推广印度的红茶，一群印度生产商在一位名叫里查德·布苗钦登的英国人的指导下，布置了一个特种名茶展览馆，由于展会期间气温猛升，美国人完全忽视了这种热茶，而到处寻找冰饮料。为了销售他们的饮料，布苗钦登把冰块放入玻璃杯中，然后在上面倒入茶水。随即这种冰茶饮料迅速传开，消费者开始排队购买这种冰爽可口的饮料，冰茶就应运而生了（图 5.21）。在美国，80% 的家庭都喝冰茶。

图 5.21　冰茶

（七）亚洲茶俗

在亚洲，日本和韩国都在中国茶文化的背景下，创制出了本国的茶文化。比如日本茶道，就是日本民族以茶道的"四规七则"为精神内涵，融宗教、哲学、伦理、美学于一体，通过沏茶、饮茶的一整套方法，增进友谊，养心修德，学习礼法的一种独特仪式。所谓"四规"，即和、敬、清、寂，是日本茶道之精髓。

韩国也形成了自己独特的茶礼。宗旨为"和、敬、俭、真"。韩国茶礼侧重于礼仪，强调仪式感。茶礼的整个过程，从环境、茶室陈设、书画、茶具造型与排列，到投茶、煮茶、吃茶等均有严格的规范与程序，力求给人以清净、悠闲、高雅、文明之感。

如今全球有 100 多个国家的 2/3 人喝茶，各民族生活习惯千差万别，且各地经济发展不一，饮茶习俗也千姿百态，各有特色。如果说古老文明的中华民族文化是一串耀眼的宝石项链，那么，茶俗文化则是这串项链上的一颗璀璨明珠，加之世界茶俗的相互渗透，人类的饮茶习俗呈现出了美不胜收的生活长卷，滋润着热爱生活的人们的心灵。

第三节　茶与圣贤

一、从陆纳茶事看中国茶道

（一）从陆纳杖侄的掌故说起

茶文化史上，历来把陆纳杖侄的掌故作为不可或缺的内容进行了种种诠释。陆纳是三国名将陆逊的后代，在东晋时曾担任过太守、尚书令等许多重要职务，有"恪勤贞固，始终勿渝"的口碑。

▦ 从陆纳茶事
看中国茶道

有一次，江东第一风流丞相谢安去看他，他的侄子陆俶认为这是一个千载难逢的机会，应当好好招待一番。但他深知叔叔陆纳的为人，便没敢和陆纳说，只是悄悄地准备齐全。谢安来后，陆纳招待他"唯茶果而已"。而他的侄子，却摆了一桌子山珍海味，请谢安就宴。陆纳等谢安走后，命人将侄子痛打了 40 杖，说："你已经不能为我的素业增添光彩了，为什么还要来玷污我呢？"这件事情被陆羽从晋《中兴书》中转引到《茶经》中，他还将陆纳奉为远祖。

与之相似的内容，我们还可以从春秋时期的史料中看到，《晏子春秋》记载："婴相齐景公时，食脱粟之饭，炙三弋，五卵，茗菜而已。"这是说晏婴任国相时，力行节俭，吃的是糙米饭，除了三、五样荤菜以外，只有"茗菜"而已。茗菜有一种解释就是，以茶为原料制作的菜。

晏婴是春秋时期著名的政治家，反对横征暴敛，主张宽政省刑，节俭爱民，被人尊称为晏子。司马迁在《史记》中将晏子与齐国的另一著名宰相管仲一并进行了评价：晏子俭矣，夷吾（管仲）则奢。

《晏子春秋》中关于晏婴茶事的史录，是中国史籍中关于茶的最早食用记载，也是最早将茶与廉俭精神相结合的记载。茶的这种精神特性无疑得到了茶圣陆羽的高度共鸣，故他在《茶经》中一再指出："茶性俭（《茶经·五之煮》）"，"为饮最宜精行俭德之人（《茶经·一之源》）"，并把《晏子春秋》中的这段史料郑重引入了

《茶经·七之事》，使其千古流芳，传扬至今。

（二）从一盏茶中品味的人文教化

茶性俭的价值观，从春秋开始滥觞。魏晋时，茶"俭而贵"的理念作为重要的生活美学被确立起来。通过饮茶建立有节制的生活理念，培养强大的内心去战胜人性中的原始欲望，与彼时代的奢侈糜烂生活形成鲜明的抗争，是这一时代对后世的贡献。茶在这里有两个核心内容：第一，它是简朴的，是少少许胜多多许；第二，它是高贵的，俭的理念本身就是从贵族阶层中生发出来，出于精神的需求而建立的生活哲理和美学品格，而非物质贫乏的产物。这种价值观自创立流传至今，一直都是茶文化的核心理念，由此构成了中国茶道的核心精神——精行俭德。

（三）以精行俭德为核心的中国茶道

1. 茶道的历史概念

茶圣陆羽虽未直接提出"茶道"二字，但他在《茶经》中写道："茶之为用，味至寒，为饮最宜精行俭德之人。"在这里，陆羽提出了"精行俭德"的哲理概念，通过饮茶陶冶情操，使自己成为具有美好行为和俭朴高尚道德的人。

"茶道"二字最早是在和陆羽亦师亦友的诗僧释皎然的《饮茶歌诮崔石使君》中真正被隆重推出的，诗云："……孰知茶道全尔真，唯有丹丘得如此。"僧人皎然调和了儒家的礼仪伦理和道家的羽化追求，三位一体成一盏，又与茶性融为一体，以此达到陶冶情操、修身养性、超然物外的人生境界。随后提出"茶道"的是中唐封演的《封氏闻见记》。他在"饮茶"一节中描述了中唐饮茶习俗传播之后茶道之面貌："有常伯熊者，又因鸿渐之论广润色之，于是茶道大行。"常伯熊是陆羽之后习茶的代表性人物，此处的"茶道"更接近茶艺。

从上述文献可知，在《茶经》中，已经确立了茶道的表现形式与内在精神，只是尚未有正式命名；是皎然赋予了茶道的名实，而封演则进一步描述了茶道在唐时的发展境况。茶由此蕴含了深厚的人文精神，成为中华民族的精神花朵，在中华大地生根、开花、结果，以独特的茶文化形式流传了下来。

2. 当代茶道的定义

当代茶道的定义众说纷纭，大致归纳如下：

当代茶圣吴觉农认为，茶道是把茶视为珍贵、高尚的饮料，饮茶是一种精神上的享受，是一种艺术，或是一种修身养性的手段。

茶界泰斗庄晚芳认为，茶道是一种通过饮茶的方式，对人民进行礼法教育、道德修养的一种仪式。中国茶道的基本精神可归纳为茶德——"廉、美、和、敬"。

茶学及茶文化学专家姚国坤对茶道的定义为：通过饮茶方式，对人们进行礼仪教育，道德教化，直至正心、养性、健身的一种手段，是中国茶文化的结晶，也是生活、艺术的哲学。

潮州工夫茶传人陈香白认为，中国茶道包含茶艺、茶德、茶礼、茶理、茶情、茶学说、茶道引导七种义理。

浣尘茶叶负责人王玲则指出，所谓茶道，就是以儒、释、道诸家融合而成的品茗艺术精神。

茶文化泰斗陈文华认为，茶道是品茗的哲学，是品饮茶之过程中体现与感悟的精神境界、道德风尚、处世哲学与教化功能。

茶文化学者以各自对茶的研究与领悟为出发点，得出如此之多不同的定义，丰富和深入了人们对茶道的认识与理解。

笔者对茶道亦做出了简约的定义——茶道，即以"精行俭德"为核心内涵的茶之人文精神及相应的教化规范。

3. 中国茶道的内涵

中国茶道的来源脱不开中国传统文化的背景，其内容组成部分主要由儒、释、道三家构成。其中，儒家作为中国封建社会两千年来统治阶级的主流文化意识，以"仁"为核心，以"礼"为规范。佛教文化自汉代从西域传至中土，与茶相结合，呈现出特有的茶禅一味精神：供茶悟禅，以禅入茶，茶禅互补，视其为一种修心、养性、开慧、益思的手段，传达饮茶与禅境的交融，茶味与禅意的融合。道家作为中华民族的本土文化，视自然为道，以"得道成仙"为修行方式，将茶视为灵丹妙药，形成了达观乐生、养生的生命态度。三家中，儒家通过茶寻求人与人、人与社会之间的真理，佛家通过茶开启人与身心的灵魂之门，道家通过茶寻求人与自然之间的通途。这些由先人积累与沉淀下来的精神遗产，作为文化命脉，至今还滋养着我们，构成中国茶道内容的主体。

必须注意到的是，中华诸多饮茶民族对茶有着自己特有的理解。茶从古巴蜀的崇山峻岭中走来，其生命形态与西南少数民族间的生存形态相依相存。茶在这些民族心中，其精神意义十分重大，同样构成了中华民族的传统文化精神，与各族人民共同建构起中国茶道的精神内涵。

二、茶圣陆羽与《茶经》的横空出世

宋代大诗人梅尧臣在《次韵和永叔尝新茶杂言》中曾写道："自从陆羽生人间，人间相学事春茶。"他说的是一个史实，陆羽是唐代创造茶历史的划时代人物，是中国古代茶圣，中国茶人第一人。

茶圣陆羽与《茶经》的横空出世

（一）陆羽生平

陆羽（733—804年），唐代复州竟陵（今湖北天门市）人，字鸿渐。他一生嗜茶，精于茶道，工于诗词，善于书法，因著述了第一部茶学专著《茶经》而闻名于世，流芳千古。《陆文学自传》是陆羽于29岁时为自己写的小传，可信度较高。他在自传中写道："字鸿渐，不知何许人，有仲宣、孟阳之貌陋，相如、子云之口吃。"

《新唐书·陆羽传》中记载，他是一个弃婴，为天门西塔寺智积禅师所收养。他稍大一些，以《易》占卜，占得"渐"卦，卦辞曰："鸿渐于陆，其羽可用为仪"。整句话的意思是说：孩子在岸边发现，就姓了"陆"，他要成为一个仪态万方之人，所以名为"羽"，大雁缓缓飞来，"鸿渐"也不能放弃，就拿来作了"字"。于是按卦词由智积禅师定姓为"陆"，取名为"羽"，以"鸿渐"为字。回顾陆羽的一生：

733年，出生于复州竟陵，弃婴，被天门西塔寺智积禅师收养。不愿皈依佛门，备受劳役，11岁出逃，成为伶人。

746年，有机会读书，并作为茶童开始接触煮茶。

753年，20岁与崔国辅交游三年，后游历各地，遍尝香茗。

755年，回到竟陵，深入研究茶学。

756年，安史之乱，赋《四悲诗》，过长江考察茶。

760年，游抵湖州，先与皎然同住杼山妙喜寺，结成知交，后移居苕溪，潜心著述，结识了灵澈、李冶、孟郊、张志和、刘长卿等人。

770年，《茶经》初稿完成。

778年，颜真卿建亭，陆羽题名"三癸亭"。

780年，《茶经》付梓，是年游太湖，访李冶。

781年，唐德宗拜其为太子文学，不从；改任太常寺太祝，复不从命。

804年，于湖州青塘别业辞世，终年72岁。

陆羽一生未婚，也未入仕。他有许多朋友，但最有代表性的是这么几位：佛教界皎然（720—792 年），中国历史上第一个提出"茶道"二字之人；道家中人李冶（？—784 年），唐代著名女诗人，与陆羽有悲情恋人之假说，死于宫廷政变；儒家大书法家颜真卿（709—785 年），曾担任过湖州刺史。

（二）《茶经》——划时代的茶学巨著

三卷《茶经》凝聚了陆羽大半生的心血。《茶经》的著述历时近 30 年。陆羽在广泛深入考察、认真博览群书的基础上，不但系统地总结了种茶、制茶、饮茶的经验，而且将儒、释、道思想的精华和中国古典美学的基本理念融入茶事活动之中，突破了饮茶解渴、饮茶保健的生理功能，把茶事活动升华为富有民族特色的、博大精深的高雅文化——茶道，从而为饮茶开创了新境界。

《茶经》这部最早的茶书，共十章，成书印行于唐建中元年（780 年）。其中有四章是讲茶的性状起源、制茶工具、造茶方法和产区分布，其余六章主要是讲煮茶技艺、要领与规范，还列举了历史上的饮茶典故与名人逸事，最后还把《茶经》所写的茶事活动绘成图。《茶经》传世版本很多，主要有《百川学海》《格致丛书》《说郛》《四库全书》诸本。自有了这一部茶书以后，它就被奉为经典，以后各朝代也出现过多部茶书，但基本上都是对陆羽《茶经》的注释、补充和演绎。

（三）中华茶文化的确立

陆羽《茶经》中提出的"精行俭德"，当为中国茶道的核心理念，而中国茶道理念的创立，是唐代饮茶文化的最高层面。建立在儒、释、道三位一体精神事象上的中国茶道，确立了其独特的人文精神与教化规范，是茶文化的核心之所在。

三、当代茶圣吴觉农与华茶涅槃

（一）吴觉农生平

吴觉农曾书："中国茶业为睡狮一般，一朝醒来，决不会长落人后，愿大家努力罢！"（图 5.22）

📹 当代茶圣
吴觉农与华茶
涅槃

吴觉农（1897—1989 年），浙江上虞丰惠人（丰惠镇至今还留有吴觉农故居），原名荣堂，是中国知名的爱国民主人士和社会活动家，著名农学家、农业经济学家，现代茶叶事业复兴和发展的奠基人。因立志要献身农业（茶业），故改名觉农。

1949 年，吴觉农参加了中国人民政治协商会议第一届全体会议，参与了《中

国人民政治协商会议共同纲
领》的制订，参加了开国大
典。新中国成立后，他曾担
任首任农业部副部长、全国
政协副秘书长，去世前一直
担任中国农学会名誉会长、
中国茶叶学会名誉理事长。
1989 年 10 月因病在北京逝
世，享年 92 岁。

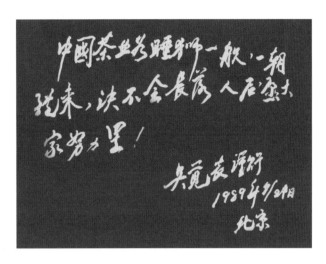

图 5.22　吴觉农《中国茶业改革方准》

　　吴觉农被誉为"当代茶
圣"，其所著《茶经述评》是
当今研究陆羽《茶经》的权威著作。

　　吴觉农格言：我从事茶叶工作一辈子，许多茶叶工作者，我的同事和我的学生
同我共同奋斗，他们不求功名利禄、升官发财，不慕高堂华屋、锦衣玉食，没有
人沉溺于声色犬马、灯红酒绿，大多一生勤勤恳恳、埋头苦干、清廉自守、无私
奉献，具有君子的操守，这就是茶人风格。

（二）对中国茶业的十大贡献

1. 首次全面论证、提出中国是茶树原产地

　　1922 年，吴觉农在《中华农学会报》上发表了长达万余字的文章"茶树原产
地考"。文章系统批驳了当时流行的"茶树原产印度"及其他错误观点和学术偏见，
并列举大量史料，雄辩地证明茶树原产于中国。1979 年，吴觉农又在《茶叶》复刊
第 1 期上，发表了"我国西南地区是世界茶树的原产地"一文，分析批判了百余年
来在茶树原产地问题上的 7 种错误观点，并根据古地理、古气候、古生物学的观
点，从茶树的种外亲缘和种内变异，进一步科学论证中国西南地区是茶树的原产
地。这在国内外茶学界产生了重大反响，具有重要的学术意义。

2. 最早提出中国茶业改革方案

　　吴觉农早年在日本留学时（1922 年）就发表了"中国茶业改革方准"，全文 2
万余言，针对时弊，列举大量数据，尖锐地剖析了华茶衰落的根本原因；同时，从
培养人才、体制改革、资金筹措等多方面提出了全面改革方案。他当年提出的改

革思想和举措，至今仍具有深刻的指导意义。

3. 倡导制订中国首部《出口茶叶检验标准》

1931—1937 年，吴觉农在上海商品检验局工作期间，目睹华茶出口的种种弊端，积极倡导制订了《出口茶叶检验规程》和《茶叶检验实施细则》，并提出与实施《出口茶叶产地检验》。这些制度的创建为保证与提高出口茶叶质量，增强华茶在国际市场的竞争力，为日后我国茶叶出口贸易事业的发展发挥了重要作用。

4. 在我国高等学校中创建第一个茶叶系

1940 年，在复旦大学教务长孙寒冰和财政部贸易委员会茶叶处处长兼中国茶叶公司协理和总技师吴觉农的倡议和推动下，迁址重庆的复旦大学增设茶叶系（科），创建了中国培养高级茶叶科技人才的第一个茶叶系和茶叶专修科（图 5.23），由吴觉农兼任系主任，并于 1940 年秋开始在各产茶省招生，这不仅为我国培养了一大批茶叶技术骨干，还为后来我国建设茶学高等教育体系奠定了基础。

图 5.23　吴觉农先生创建第一个茶叶系

5. 创建第一个国家级的茶叶研究所

1941 年，日本偷袭珍珠港，太平洋战争爆发，我国出口口岸全被日军侵占，茶叶出口停顿，产量也一落千丈。吴觉农临危受命，带领一批志同道合的中青年茶人，来到福建崇安的武夷山麓，建立了我国第一个国家级茶叶研究所。在极其艰苦的条件下，研究所的人员开展了茶树繁殖、修剪、栽培、生理、土壤、病虫害、制茶和成分分析等多方面试验；并出版《茶叶研究》期刊（图 5.24），使在战火中处于奄奄一息的中国茶业见到了科技希望之光。

6. 最早提倡并实施在农村组织茶农合作社

早在 20 世纪 20 年代初，吴觉农就提出了推行茶农合作社的观点。抗日战争初期，他在浙江茶区组织成立了 430 个合作社，既维护了茶农利益，又提高了茶叶品质。1944 年抗战胜利前夕，吴觉农深刻分析了茶在国民经济中的地位，并结合我国国情，尖锐地指出"茶叶产制运销……都有积极加强组织推动合作社的必要"。

7. 主持翻译世界茶叶巨著《茶叶全书》

从抗战初期至 1949 年春，吴觉农组织有关人员，历时 11 年之久，主持翻译了当时世界茶叶巨著——美国 W. H. UKERS 所著的《茶叶全书》（*All about tea*）（图 5.25）。全书 90 万字，内容丰富，涉及面广。这也是吴觉农重视引进国外先进技术的又一重要举措，此书日后在我国茶叶科研、教学与生产中发挥了重要的参考作用。

8. 组建新中国第一家国营专业公司——中国茶叶公司

1949 年 10 月，吴觉农被任命为农业部副部长，他根据中央财政经济委员会指示，负责组建由农业部与外贸部共同管理的中国茶叶公司，并由他兼任总经理。这是新中国成立后的第一家国营专业公司（图 5.26），为新中国成立初期茶叶生产的迅速恢复与发展，为扩大茶叶出口发挥了重要作用。

图 5.24　《茶叶研究》创刊　　图 5.25　《茶叶全书》

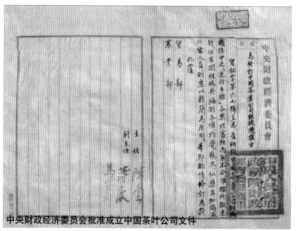

图 5.26 中国茶叶公司旧址及获批文件

9. 主编二十世纪的新茶经《茶经述评》

1984 年，吴觉农已 87 岁高龄，他主编了一生中最后一部具有里程碑意义的重要著作《茶经述评》，此书于 1987 年正式出版。该书对世界第一部茶学专著——唐代陆羽《茶经》，做了准确译注与全面、科学的述评，被誉为"二十世纪的新茶经"。其深刻的科学评述与茶文化内涵，充分体现了茶学文理结合的学科特色。

10. 倡导建立中国茶叶博物馆

1989 年，以吴觉农为首的 28 位全国著名茶人签署"筹建中国茶叶博物馆意见书"，有力地促进了该馆的建成。中国茶叶博物馆自 1991 年开馆以来，已发展成为中华茶文化的展示中心、茶文物收藏的专业场所、茶文化研究与普及的重要平台和未成年人素质教育的重要阵地，是目前全国唯一的国家级茶文化专题博物馆（图 5.27）。

纵观吴觉农的一生和他的十大贡献，可以说他是当之无愧的"当代茶圣"。

图 5.27　中国茶叶博物馆（龙井馆区）

第四节　茶与文化

一、客来奉茶的儒家茶礼

（一）什么是儒家

儒家思想又称儒学，最初指的是冠婚丧祭时的司仪，自汉代起指由孔子创立的后来逐步发展为以仁为核心的思想体系。直至今日，儒家思想依然对中国社会民众的价值观产生影响，并在世界上作为中国文化的代表和民族传统的标记。

📷 客来奉茶的
儒家茶礼

孔子（前551—前479年）春秋末期思想家、教育家，儒家学派的创始人。因父母曾为生子而祷于尼丘山，故名丘，字仲尼。鲁国陬邑（今山东曲阜市）人。曾修《诗》《书》，定《礼》《乐》，序《周易》，作《春秋》。孔子的思想及学说对后世产生了极其深远的影响。从冠婚丧祭时的司仪发展起来的儒，虽然最后成了巍巍国学，但原始的程式感与核心思想体系"仁"的关系始终不变，在此基础上发展出了内外谐调的"礼"。儒家文化的教化精神实践、礼仪程式设置与内心道德诉求，已在这一历史阶段的茶事中呈现。客来敬茶，以茶养廉，以茶祭祀，展示了人们的政治理想、文学情怀、生命体验与茶之间的关系。

（二）什么是礼

礼在中国古代是指社会的典章制度和道德规范。作为典章制度，它是社会政治制度的体现，是维护上层建筑以及与之相适应的人与人交往中的礼节仪式。作为道德规范，它是国家领导者和贵族等一切行为的标准和要求。在孔子以前已有夏礼、殷礼、周礼。夏、殷、周三代之礼，因革相沿，到周公时代的周礼，已比较完善。作为观念形态的礼，在孔子的思想体系中是同"仁"分不开的。礼，就是顺应人情而制定的节制的标准。

图 5.28　弘君举《食檄》中呈现的茶宴——以《韩熙载夜宴图》卷，五代，顾闳中作（宋摹本）为例

（三）什么是茶礼

所谓茶礼，就是人们借茶事活动共同参与的生活礼仪，是在饮茶的特定环境下，相关人员约定俗成的行为模式。它是当事人通过参与有秩序的茶事活动来互增情谊、交流学习及增进社会意识的仪式和方法。

茶礼是茶道不可分割的部分，是与茶艺联系最为紧密的部分。茶礼的中心是人，茶礼的目的是以茶事为契机，沟通思想、交流感情、完成庄重的仪式等。

两汉时，已经开始了实质性的客来敬茶礼仪。至三国，吴国宫廷中的"以茶代酒"的掌故，也说明了宴席上已经出现了茶。唐代诗歌中正式出现了"茶宴"二字，以茶会友已成为常态。世界上第一张茶画《萧翼赚兰亭图》体现的就是寺庙里客来敬茶的情景。弘君举《食檄》中也描绘了茶宴的场景（图 5.28）。

在古代的外交活动中，以唐朝与吐蕃之间的关系为例，公元 641 年文成公主进藏和亲，带去了大批的茶叶。

另外，世界范围内较早有记载的中外茶叙外交活动是最澄法师在公元 805 年从明州驾舟返东瀛，台州刺史陆淳将当地官员召集在一起举行了茶会，为最澄法师饯行。其间，台州司马吴凯写了一篇《送最澄上人还日本国诗序》，被收入《传教大师全集》的附录中，序中写道："三月初吉，遐方景浓，酌新茗以饯行，对春风以送远。"以茶饯行,尽显茶禅之风。茶会上,除台州刺史陆淳和司马吴凯之外,还有国清寺的行满法师、天台归真弟子许兰、天台沙门幻梦等知名人士。茶会结束时,行满法师专门写了一首送别诗:

> 异域乡音别,观心法性同。
> 来时求半偈,去罢悟真空。
> 贝叶翻经疏,归程大海东。
> 何当到本国,继踵大师风。

最澄迎请了天台宗经典 128 部共计 345 卷,也最先将产于佛地天台的茶籽和大量团茶成品带到日本,天台茶籽被种植于日本比睿山山麓的日吉茶园。最澄与嵯峨天皇相互之间都有诗歌酬唱,天皇诗"羽客旁讲席,山精供茶杯"之句,所咏赞的就是他们之间的茶事,以及如茶深浓的情感。

宋代茶礼活动越办越豪华,举办阶级也延伸到宫廷。《文会图》体现的就是这种皇家风格。同时,在两宋时,辽、金、夏与宋使的往来当中,都有客来敬茶的礼仪,它是国与国之间交往时所使用的礼仪。《辽史·礼志》载:"宋使至……臣僚起立,御床出,皇帝起,入阁,引臣僚东西阶下殿……臣僚鞠躬。赞拜,称"万岁",赞各就坐。赞两廊从人,亦如之。行单茶,行酒,行膳,行果。"描述的是宋使来到辽国,辽国的皇帝会把茶奉出来,然后大家都要称呼万岁,随后入座行赞礼,再递送浓茶,而且不同级别的外交使节,上的茶也不一样。

在宋代的径山茶宴中,也有这种客来敬茶的茶叙活动。南宋淳熙四年(1177年),荣西再次入宋,适逢大旱不雨,瘟疫流行。荣西受请代师进京(杭州)作法求雨,灵验显著,甘雨忽降,孝宗皇帝赐封荣西为"千光大法师",并在径山寺设特大茶会隆重庆贺。1191 年,荣西领得法衣、祖印等归国,并被后世奉为日本禅门之始祖,其法系在古代称"千光派",近代临济宗建仁寺派奉其为开山祖。

在两晋时期,茶饮广泛进入祭礼。在南朝宋刘敬叔撰写的志怪小说集《异苑》中记有一个传说:陈务家的院子里有一座古坟,每次饮茶时,陈务妻都要先在坟前浇祭茶水。两个儿子对此很是厌烦,想把古坟平掉,母亲苦苦劝阻。有一天在睡梦中,陈务妻见到一个人,这个人对她说:"我埋在此地已经有三百多年了,蒙你竭力保护,又赐我好茶,我虽然是地下朽骨,但不会忘记报答你的。"天亮后,陈务妻来到院子里，突然发现地下有十万贯钱！陈务妻惊呆了，赶忙把这事告诉了两个儿子，两个儿子感到很惭愧。从此以后，一家人祭祷得更勤了。

二、乐生羽化的道家茶韵

（一）道家、道教与玄学

道家：春秋战国时期诸子百家中最重要的思想学派之一，核心思想是"道"。道家认为，"道"是宇宙的本原，也是统治宇宙中一切运动的法则。

📹 乐生羽化的
道家茶韵

道教：道教是中国主要宗教之一。因以"道"为最高信仰，且认为"道"是化生宇宙万物的本原，故名。

玄学：魏晋时期出现的一种崇尚老庄的思潮，一般特指魏晋玄学。

（二）道家与茶的关系

道家文化是以老庄学说为理论根基的，是中国本土文化，它以崇尚自然、返璞归真为主旨，主张天人合一、与物同乐。道家对生命的热爱，对永恒的追求，都渗透其自然观中。而茶，作为大自然的象征之物，亦得到了道家文化的推崇。道家与儒家、佛家一样，在其信仰形态中，少不了茶的浸润。道家文化与饮茶习俗形成的关系，深刻地影响了茶文化的发展，乐生养生，是道家文化对茶道的最大贡献。

他们之间存在着药理性结合点、乐生精神的共性和长寿长生的生命观。

道与茶的关系，首先当从茶的药理性说起，这可以从茶被神农发现的传说中得来。传说中茶的始祖神农，在道教中被认为是太上老君点化的弟子。《太上老君开天经》中说："神农之时，老君下为师，号曰大成子，作《太微经》，教神农尝百草，得五谷，与人民播植，遂食之，以代禽兽之命也。"道家要长生，要炼丹，怎会忘记茶的功效，让太上老君点化神农，是从根源上把茶与道联系起来。

道家是把人完全放在自然中的，以为人本是自然的一部分，生存便有其自然属性。道家的气功和炼丹便是开发人的自然潜能。大多数宗教都鼓励人们追求死后天国的乐园生活，而道教却无比热爱生命，直接否定死亡，认为光阴易逝，人生难得。因为道教爱生命，重人生，乐人世，以人的肉体在空间与时间上的永恒生存作为最高理想，故茶的养生药用功能与道家的吐故纳新、益气延年的思想相当契合，通过茶滋养身体和心灵，并从中得出生命终极意义的精神领悟。

茶长在深山阳崖阴林，这与道家的修道途径非常契合。一幅题为《雪山江水隐者图》的作品，上面就题了这样两句诗："道人家住中峰上，时有茶烟出薜萝。"道教认为，只有尽早修道，才能享受永久幸福和快乐。理想的得道环境，应是白云缭绕，幽深僻静，超尘脱俗，拔地通天的名山。而好山好水，必出好茶。传说中的神仙丹丘子为上山采茶的百姓指引大茶树的生长地，道家人物葛玄在天台山种下茶圃，许逊以茶治疗生病的山里民众。道人不但种茶喝茶，还亲自制茶甚至卖茶，明代诗人施渐所写之诗《赠欧道士卖茶》："静守黄庭不炼丹，因贫却得一身闲。自看火候蒸茶熟，野鹿衔筐送下山。"讲述的正是这一情景。

火与茶的关系与道家修道方式有着深刻的内在关联。在儒、释、道三家思想中，唯有道家是带着火炉修炼的，这恰恰和品饮茶的方式——热饮相契。由此，一个标志性的器具，如一枚印记，深深打在道家文化和茶文化之上，那就是我们习以为常的风炉。炉，是道家文化须臾不可或缺之物，同样，也是茶文化不可或缺之物。火的概念和温度的概念，对于道家与茶而言，可谓同等重要。品茶必须热饮，道教炼丹也必须生炉，这两者方式的一致，必然会相互促进，相互影响。

（三）道家与茶的回溯

1. 唐代以前的医家之言

东汉末年至三国时代的医学家华佗在《食论》中提出了"苦荼久食，益意思"的论断，这是中国历史上对茶叶药理功效的第一次记述。《本草·木部》中记载："茗，苦荼，味甘苦，微寒，无毒，主瘘疮，利小便，去痰渴热，令人少睡。秋采之苦，主下气，消食。注云：春采之。"《神农食经》记载："茶茗久服，令人有力、悦志。"壶居士《食忌》记载："苦荼，久食羽化。与韭同食，令人体重。"陶弘景在其《杂录》中说："苦荼轻身换骨，昔丹丘子、黄山君服之。"

2. 茶叶种植与道教发祥地及传播路线的重合

曹操对于信奉太平道的黄巾军采用武力镇压与招降并举的方式。后又因太平道领导张鲁投降，五斗米道的上层人物迁入北方居住，汉中大批信奉五斗米道的民众也随之迁入北方，促成了五斗米道由巴蜀向北方传播。魏晋之际一些方士的活动，也促成了道教的传播与分化。巴蜀为茶的发祥地，与道教的结合似更有文化地理学上的意义。

（四）炼丹与煮茶

杭州市西湖区葛岭山上有一座抱朴道院，葛岭山因葛洪而闻名，岭上有茶，道院有采茶的传统。

葛玄茗圃，位于浙江省天台石梁镇归云洞下方的小山丘，丘上植有几棵老茶树，据说三国吴赤乌年间葛玄曾在此辟园植茶，以茶修禅养神，世称"茶祖"。"茶祖"汲取天地精华，自然生长，多出优质清冽的好茶。葛玄茗圃目前已被地方政府以"茶祖"的名义加以重点保护，传说这棵茶树已有 1700 多年，至今依旧生机勃勃。

三、茶禅一味的精神品饮

（一）茶禅因缘

佛教为世界三大宗教之一，相传于公元前 6—前 5 世纪古印度的迦毗罗卫国（今尼泊尔境内）由王子释迦牟尼所创，广泛流传于亚洲的许多国家。东汉时自西向东传入我国。佛教的总体精神是让人们止恶扬善，自净其意的教法是佛陀的教育，注重修来世。禅为何物？禅，佛教名词，是梵文"禅那"（Dhyāna）的略称，意译是"思维修"，就是静思、静虑之意。禅家对"禅"的诸多解说，集大成于释慧皎的《高僧传》卷十一：禅也者，妙万物而为言，故能无法不缘，无境不察。然缘法察境，唯寂乃明。所谓"云水禅心"者，也是思维方法。以"妙万物"为内核，以"静寂"为基本途径。中国人往往将禅与佛并提相通，在诗意的指代中，佛就是禅，禅就是佛。

1. 佛教对于茶的三大需求

佛教的重要活动是僧人坐禅修行，要求做到："跏趺而坐，头正背直，不动不摇，不委不倚。"这就需要有一种既符合佛教规诫，又能消除坐禅带来的疲劳和补充"过午不食"营养的食物。茶叶中有丰富的营养成分，能提神生津，自然成了僧侣最理想的食物。

佛教对于茶的三大需求是：一要提神解困，二要补充营养，三要消食理气。据说正是基于这三个需求，东汉时出现了一些居士，长期饮茶修行。《晋书·艺术·单道开传》："敦煌人单道开，不畏寒暑，常服小石子，所服药有松、桂、蜜之气，所饮茶苏而已。"所谓"茶苏"，是一种用茶叶与果汁、香料配合制成的饮料。敦煌人

右侧图注：茶禅一味的精神品饮

单道开，在昭德寺修行时，经常靠饮茶提神。

中国禅宗初祖菩提达摩是南天竺婆罗门的一个著名僧人。在南北朝时期到达广州，梁武帝闻其名，迎入金陵，但观念不相契合，达摩悄然北上。途经北江，没有渡江的工具，遂将一束苇草置于江面，踏蹑而渡。后至北魏，所到之处，以禅法教人。游嵩山少林寺，独自修习禅定，时人称为壁观婆罗门。由于坐禅中闭目静思，所以极易睡着，据说禅宗师达摩于面壁时口嚼茶叶以驱困意，"唯许饮茶"，经九年面壁而成。

2. 佛教之于茶的三大贡献

第一，因为佛教而随之出现最早的茶空间，亦叫茶寮，它是茶与寺院僧侣的一种结缘。最早提出的茶道思想与僧侣念经打坐有关，方丈以茶驱除佛教徒们瞌睡，因此特别设置茶寮，供居士、僧侣喝茶用。

第二，茶道精神源自佛教。中华茶道，是中华茶文化的核心价值之所在。茶道之立，是儒、道、释三大主流文化相辅相成的产物。而其创立者，却是唐代诗僧皎然。其《饮茶歌诮崔石使君》一诗，纵论饮茶之道而首创"茶道"，诗云："一饮涤昏寐，情思朗爽满天地。再饮清我神，忽如飞雨洒轻尘。三饮便得道，何须苦心破烦恼……孰知茶道全尔真，唯有丹丘得如此。"因此，皎然品茶，三饮得道，故谓之"茶道"。而后，封演《封氏闻见记》又称，茶"因鸿渐之论，广润色之，于是茶道大行"。"茶道"一词，从而名世。

第三，形成了僧侣与文人骚客品茶的传统。茶禅成就两大学说："诗禅论"与"茶禅论"。唐、宋以来，维系中国古代文人士大夫与寺院、僧侣、禅宗的密切关系者，一是茶，二是诗。茶是维系其生活方式的物质纽带，诗为维系其精神生活的情感纽带。正是这种与佛教禅宗结下的不解之缘，才有所谓"茶禅""诗禅"与"禅茶""禅诗"者。于是成就了中国文化史上的两大学说：一是诗禅论，二是茶禅论。《宋录》记载："新安王子鸾、豫章王子尚诣昙济道人于八公山，道人设茶茗，尚味之，曰：'此甘露也，何言茶茗焉。'"从这个记载中可以看到，茶已是一种精神上的提升。

（二）茶禅一味

在茶文化的培育上，茶禅一味也随之诞生。所谓茶禅一味：

一在妙悟。茶禅者，以茶参禅之谓也。禅的基本特征，在于静思寂察，更在于一个"悟"字。悟者何也？吾心也。茶修与禅修，关键在于以茶、禅之修炼，感悟心灵，净化心灵。"悟"是禅修的基本方法，无论是北宗的"渐悟"，还是南宗的"顿悟"，皆以"静寂"为心境，以"妙悟"为思维方法。参禅如品茶，品茶可参禅，茶禅一味所寄托的正是一种恬淡清净的茶禅境界，亦是一种古雅淡泊的审美情趣。以茶参禅，提倡"茶禅一味"，强调的是茶性、茶味、茶品、茶缘、茶情、茶心、茶境，是茶蕴涵的文化心态、人文意识和茶禅境界。

二在自然。禅的本色，在于自然，在于人的本然，有慈悲之心、怜悯之心、普度众生的救世情怀。而通过大自然孕育的茶，自然之心会和自然之物融为一体，你中有我，我中有你。

三在"当行"。茶业，属于绿色产业、民生产业。绿色产业，必须道法自然；民生产业，必须以人为本、以民生为本，不可以违背自然规律，亦不可以违背人的饮食生活规律。这些皆与佛教禅宗相符，与茶业、茶情相符，与人生真谛相符。自唐朝开始的农禅传统，"一日不作，一日不食"的精神，便是当行。当行就是品茶与参禅，必须符合茶道和禅道的基本规律和思维方法。

四在茶佛二性一统。茶味与禅味之相通，茶性者，清心也；佛心者，善心也。茶以苦为美，陆羽《茶经》指出："啜苦咽甘，茶也。"乾隆皇帝说："茶之美，以苦也。"饮茶的最佳口感，多为"清苦"。甘美良味之谓"苦"。茶性之苦，与佛教"四谛"之苦相一致。故佛教徒有"苦行僧"之谓。人生苦短，先苦后甜。茶之啜苦咽甘，意味着先苦后甜的人生哲理。

茶禅是以茶参禅的一种人文境界和艺术境界，其文化精神就是"茶禅一味"。茶禅论，是中国茶文化的精髓之一，是以茶参禅所达到的茶禅文化之最高境界。茶、禅、诗三者之间的关系是：禅是诗和茶的文化灵魂和审美境界；诗和茶是禅宗文化的重要载体和传播媒介。

自汉而起的饮茶习俗，至三国两晋南北朝，渗入了丰富的精神内涵，茶的药理作用被人们进一步认识，文士品茶以修身养性，道人饮茶以之为仙露，僧人吃茶以进行修行。这一时期的茶，在民间渐从羹饮走向清饮，文人则更注重茶的品性，可以说在中国饮茶史中，儒、释、道三味一体，浸泡在一杯茶中。

章节测试

思考题

5.1　试述中国各民族的饮茶习俗。

5.2　收集《红楼梦》中关于茶俗的描写。

5.3　试述陆羽《茶经》的历史地位及影响。

5.4　谈谈儒、释、道文化与茶的关系。

5.5　中国地大物博、民风各异，各地都有茶馆，请举例说明各地
　　　茶馆有什么异同。

参考文献

[1] 吴觉农 . 茶经述评 [M]. 成都：四川人民出版社，2019.

[2] 乌克斯 . 茶叶全书 [M]. 侬佳，刘涛，姜海蒂，译 . 北京：东方出版社，2011.

第六章

认识茶文化的知与行

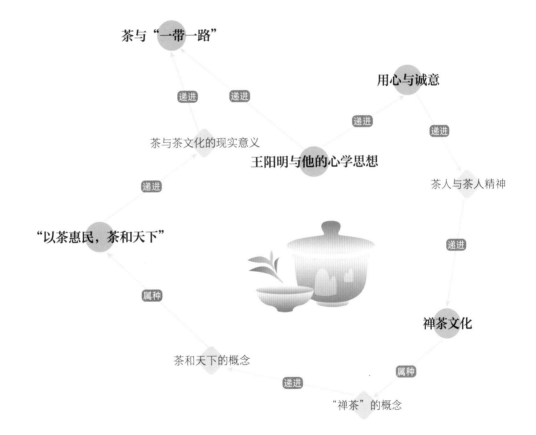

茶与"一带一路"

用心与诚意

递进　　递进

递进

递进

茶与茶文化的现实意义

王阳明与他的心学思想

茶人与茶人精神

递进

递进

"以茶惠民，茶和天下"

禅茶文化

属种

属种

茶和天下的概念

递进

"禅茶"的概念

第一节　物我相融的茶之精神

一、王阳明与他的心学思想

　　王阳明，原名王守仁，1472 年 10 月生于浙江余姚的书香门第，卒于 1529 年 1 月，终年 57 岁。王阳明从小天资聪颖、勤奋好学、兴趣广泛，学习研究过道学、佛学、儒学等。他能独立思考、博采众长，从不人云亦云。他反对"口耳之学"，倡导"身心之学"。比如，他青年时两次参加会试，但两次都因不按当时正统学说——程朱理学应试而落榜。许多了解他的人为之惋惜，他却说："不以落第为耻，以心动为耻。"

　　■ 我与茶文化

　　明武宗年间，太监刘瑾专权，虽有朝野的反对与抗争，但都被他残害，在无人敢公开与刘瑾等人作对的恐怖氛围下，王阳明挺身而出，与刘瑾抗争。因触怒刘瑾，王阳明当众遭廷杖、被投入监狱，并被流放到当时的蛮荒之地——贵州省修文县的龙场驿站。他在吃住无着、野兽出没、疫病肆虐等困境下，仍然刻苦钻研心学，最终悟出"圣人之道、吾性自足"。大致意思是，圣人能成为圣人，根本在于有圣人的心志，并按圣人的良知磨炼自己，心安则强大。人称"龙场悟道"。

　　此后，他又提出了类似"知行合一"等一系列心学思想。"知行合一"的"知"不是了解、知道或知识的意思，而是"致良知"，"致"是实现和呼唤，"良，善也"，"知"是辨别善恶的能力；"行"也不是一般的实践和做事，而是"事上练"，在人的"良知""一念发动处即是行"，就是在起心动念的同时，就要在知善、识善、行善的过程中磨炼自己，甚至在人情事变中磨炼心智。"致良知"与"事上练"两者不可分离，就如茶叶与白开水两者不可分离一样。

　　王阳明说："知是行的主意，行是知的工夫。知是行之始，行是知之成。"在他看来，心是身体和万物的主宰，当心灵安定下来，不为外欲所动时，人本身所具备的巨大智慧（潜力）便会激发出来。

　　他的心学遭到程朱理学学派弟子们的围攻和反对，也遭到朝廷的责难，但王阳明全然不顾，还是坚定自己的心学不动摇。

纵观王阳明的一生，他为朝廷和社会屡立旷世奇功，又屡遭奸臣佞人的逸言、构陷和朝廷的不善待，但他倾其一生都在追求真理，历经百死千难，无论是学术围攻、沙场血腥、朝堂险恶，他都无私无惧，"此心光明，亦复何言"。他谱写了流芳百世的"真三不朽"（集立言、立德、立功于一身），使世人在黑暗社会中看到一丝耀眼的光亮，也更信服阳明心学与"知行合一"的强大，明朝以来的学术界称他是一位真正的"内圣外王"之人。

二、用心与诚意

"知行合一"的"致良知"与"事上练"，两者是不可分割的。因为，良知是做人的支点，良知光明时，我们就能撬动地球，驾驭天地（立心），统治万物（立言、立命）。"事上练"是"良知"的践行。天有不测风云，人有旦夕祸福，谁都不知道下一步会发生什么，走向

用心与诚意

哪里。因此，人很难完美地规划、设计自己。但如果我们自己内心有光明的良知，不管社会如何变化，都会把握自己不丧失理智。所以，王阳明的"知行合一"，实际上是教人"用心"的学问。"用心"其实是一种"致良知""事上练"的诚意和笃行。人最大的敌人是自己的内心，做任何事，只要有诚意、能用心笃行，天下就没有难事。正如著名节目主持人倪萍在《姥姥的语录》中说："自己不倒，啥都能过去；自己倒了，谁也扶不起你。"

王阳明常告诫弟子，"工作即修行"，他认为心学不是悬空的，只有把它与你所从事的工作结合起来，才是最好的归宿。如果抛开工作去修行，反而会处处落空，得不到心学的真谛，"工作的情境就是标榜进取精神最好的修行之地"。苹果公司创始人乔布斯曾去印度修行过，也曾想去日本学禅，当时，一位大师对他说，修行就在日常的生活和工作中，乔布斯顿悟并创立了苹果公司。之后他在谈及自己成功的时候，一再强调："跟随自己的内心"，在"坚持自我内心"时要坚持的是"致良知"，而不是"以我为中心"，应该做到"无我"。

"工作即修行"要求人在自己所从事的岗位上"知行合一"，拿出自己的"用心""诚意"，做事先做人，贵在专、贵在精、贵在正、贵在诚。当年，明朝户部侍郎乔宇当面请教王阳明关于专心下棋做文章与圣道，即做人的关系。王阳明回答说："专于圣道才算专，精于圣道才算精，专心下棋而不专心于圣道，这种专是

沉湎；精于文章而不精于圣道，这种精是癖好。"圣道是既广又大的，文章的技能虽然也可以从圣道中来，但是只卖弄文章与技能，这就离圣道太远了。所以，非专便不能精，非精便不能明，非明便不能诚。王阳明说："唯天下至诚，然后能立天下根本。"只要你信守用心并践履"诚"，就能成就一片属于自己的天地。

三、茶人与茶人精神

过去往往把喝茶的常客称为茶人，之后又把种茶、制茶和经营茶的称为茶人，现在把茶科技与茶文化工作者也都称为茶人，即当今社会上凡是与茶有关的人士都可称为茶人。对一个职业形成称谓这是社会变化的表现和反映，但社会的称谓都有它特定的含义，过于泛，这个称谓也就失去了它的社会价值。

茶人与茶人精神

那么，什么样的人才能称为茶人呢？喝茶的人要能称为茶人，他应是爱茶、懂茶、知茶、会泡茶、会品茶、有耐心、能静心的人。他们往往知书达礼、优雅脱俗，与他们一起喝茶，可人茶共品、品出人生。种茶、制茶、经营茶的人要能称得上茶人，他们必须既讲效益又讲责任，有匠心、守诚信。这样的人既能创造产品的品质、品牌，又能为惠及社会消费者做出不懈的努力。茶科技或茶文化工作者要称得上茶人，应刻苦钻研、有学问，致良知、又务实，是燃烧自己、贡献社会的人。这样的人具有吴觉农于1942年9月在江西崇安茶叶研究所成立一周年会议上所要求的"要养成科学家的头脑、宗教家的博爱、哲学家的修养、艺术家的手法、革命家的勇敢，以及对自然科学与社会科学的综合分析能力"。

显然，茶人都是一些"用心""诚意""笃行"茶文化、茶科技、茶产业发展的人。所以，茶人这个称谓是沉甸甸的，对社会具有特定意义的。这样的茶人不仅能创造出适应社会的各类茶产品，还能创造出具有社会价值意义的精神追求，为人民的美好生活创造出文明进步的文化氛围与精神力量。这样的茶人，从古到今代代辈出，如鲁周公、陆羽、欧阳修、苏轼、张大复、许次纾，俞樾、顾炎武、吴觉农、张天福、王家扬等，还有历史上众多的茶庄主和现代众多的茶叶生产者、经营者等。

他们著书立传，传播茶文化、发展茶产业。他们不仅创造出中国六大类几千个品种的茶，并创造出了茶文化，丰富着人类的物质生活和精神生活，还从茶中感悟出，如茶之质"清"、茶之味"苦"、茶之礼"敬"、茶之韵"静"、茶之德

"俭"、茶之魅"怡"、茶之品"美"、茶之魂"和"、茶之功"养"等，潜移默化地陶冶着人们的情操及人生价值追求。所谓"茶性""茶德""茶道"，实为人性、人德、人道。他们"精行俭德"，"不羡黄金罍，不羡白玉杯，不羡朝入省，不羡暮登台。千羡万羡西江水，曾向竟陵城下来"。他们深深凝结爱祖国、爱华茶的高尚情怀，始终秉持探索创新、严谨务实的科学态度。他们不求功名利禄、升官发财，不慕高堂华屋、锦衣美食，不沉溺于声色犬马、灯红酒绿，大多一生兢兢业业、埋头苦干、清廉自守、无私奉献，具有君子的操守。这就是茶人的风格，也是茶人精神。

今天，我们传承与弘扬"茶人"及"茶人精神"，就是要"知行合一""不忘初心"，传承经典，谱写中国茶文化和茶产业发展的新篇章。党的十九大报告中指出："我国社会主要矛盾已经转化为人民日益增长的美好生活需要和不平衡不充分的发展之间的矛盾。"中华茶产业的发展，就要充分认识我国社会主要矛盾已经转变的实际和我国国情的实际，一方面要正视茶产业、茶消费发展"不平衡、不充分"这个实际，不断创新、走出一条面向生活、面向大众、面向市场、面向国际的发展之路；另一方面茶产业与茶文化的创新应该适应时代的发展变化，不断地满足人民美好生活的需要。

四、认识禅茶文化

2000 多年前，佛教传入中国，佛教徒出于修行和佛教教义的需要"因缘具足"地同中国茶结缘，成就出"佛茶文化"这一概念。北魏时，印度达摩法师来中国传播禅教，从此中国佛教界又创立了一支禅宗，而禅宗的修行方法是少睡、少食、静修、静虑，更需要茶的养生禅修，从而在原有"佛茶"（图 6.1）概念的基础上又产生了"禅茶"的概念。

认识禅茶
文化

而佛教中国化以后发展起来的佛教有禅宗、净土宗、天台宗、密宗、法相宗、律宗、华严宗、法性宗等，但各宗都推崇饮茶修身，进而形成独特的禅茶文化，禅茶的规式最严，如唐代赵州从谂和尚的"吃茶去"深奥禅意，标志着"禅宗茶道"的含义。

至中晚唐时，佛教禅宗内出现了一些乱象，禅宗内一些大德高僧很是痛心与担忧，并立志要整顿这些乱象。当时江西省奉新县境内大雄山脉百丈山上的百丈

图 6.1　佛茶

寺开山鼻祖怀海法师（720—814 年）就以茶规为媒介，综合儒家礼仪，探究禅理，
整理禅宗的规矩，创立了禅宗清规。他将寺庙大小戒律与茶饮的规矩都纳入了"诏
天下僧悉依次而行"的《禅门规式》，后人称"百丈清规""天下清规"。他同时倡导
农禅做法，就是庙宇出家的禅修与耕种自食其力相结合，提出了"一日不作，一日
不食"。改变过去僧人云游在外、倚门托钵、不事劳作之习的不稳定局面；强化了
丛林组织形式，奠定了禅门的经济基础，推动了佛禅的发展。现在"禅"不仅成为
佛教的一种静修方式，社会上还把禅宗当作佛教的代名词，禅茶文化也成了佛茶
文化的形象词（图 6.2）。

　　佛禅修的目的是明心见性，茶的特性和禅的教义，可"茶""禅"同修。"茶禅
一味"这一概念出自何时、何人之口，目前难以考证，但历史上"茶禅一味"的现
象是客观存在的。从僧人生理物质需要看，禅宗人士面壁修行，一般少睡，"务于
不寐"，一日只食两餐，"又不夕食"，长时间打坐静虑，一要提神解困，二要补充
营养，三要消食理气，而茶是僧人最佳的佛禅食物。《中国茶经》书中归纳茶的传
统药疗功能有 24 项：如少睡、消食、下气、安神、清头目等，正是修行僧人所需
要的。现代科学对茶叶的研究表明，茶叶中已经可以分离鉴定出 700 余种化学成

图6.2　佛茶茶艺

图6.3　养生茶

分，而无机营养素就有几十种，比如茶多酚、茶氨酸、生物碱、维生素、矿物质、茶色素等，都对人的养生健康有益（图6.3）。

　　从禅茶可以结合的佛禅教义上看，佛教苦、集、灭、道"四谛"中，苦为首谛，参破苦谛为禅修的主要内容；"茶苦而寒"，但苦不留口，仔细回味，如同人生修炼。

静，佛禅主静，能沉静、宁静才能参悟正道，茶道"和静怡真"，只有静才能品出茶的真味，品出人生。

凡，佛禅主张从平凡的事中去契悟大道。日本茶道宗师千利休说："须知道茶之本不过是烧火点茶。"从微不足道的日常生活琐事中去感悟人生的哲理。

放，佛禅特别强调"放下"，近代禅宗泰斗虚云法师说："修行需放下一切方能入道，否则徒劳无益。"人能够从杯中茶叶的浮沉悟出境界，在茶杯"拿起""放下"中释情怀，这就是修炼。

和，是佛教的宗旨，人生能慈悲、包容、感恩就是"圆满和谐"。中国著名的茶学家陈香白说："在所有汉字中，再也找不到一个比'和'字更能突出中国茶道的内核，涵盖中国茶文化精神的字眼了。"

中国有六大茶类几千个品种，口味各不同、各人各喜爱，这就是"美其所美，美人所美，美美与共，天下大同"。由此可见，茶适应了佛教强调的"五调"，即调食、调睡眠、调息、调身、调心。因而，茶在佛教生活中至少有三个作用：一是在佛前供奉；二是僧徒自饮以助修禅悟道；三是敬僧俗客人饮用，以助缘传道。这样客观出现了"茶禅一味"的禅茶文化现象，表明茶禅可以同修、明心见性，可为一味。

古代中国的出家人不仅饮茶，而且大都会在寺院庙宇前后的荒山野坡上种茶，名山名寺出好茶，客观上推动了中国茶业的发展。寺庙饮茶的礼仪程序，大都成为民间的风俗和礼仪的规式。寺庙的"茶会""茶宴""茶礼"使古代的儒、释、道人士之间会友交往频繁（图6.4），从而促进了儒、释、道三教之间交流融合，形成了"三教和合"的文化现象。唐代以来的日本、韩国等东亚、东南亚国家有向中国学佛、派遣留学僧的制度，他们在中国不仅学了佛，还学到了饮茶、用茶、茶礼仪、茶养生等方法，回国以后在本国传播流行。民间饮茶养生成为一种时尚。各国文明交流互鉴丰富了各自文明成果、促进了社会进步，也为人类社会发展做出了卓越贡献。当前，丰富与探索"茶禅一味"的文化新内涵，可为社会文明进步发挥更大的作用。

图 6.4　佛茶茶会

第二节 茶行天下的传播意义

一、茶和天下的概念

当前在茶文化界，"茶和天下"，或者"茶和世界""分享发展"，是高频出现的时尚词。如何理解这个"和"字呢？

"和"是中华祖先崇高的愿景，也是中华文化的核心。《尚书》中论述，上古时期，我们的祖先就有"协和万邦""燮和天下"的主张。

茶和天下的概念

《国语·郑语》中说："夫和实生万物，同则不继。"就是说，只有不同事物的和谐才能生成万物，如果只是同一的，就不能发展延续。孔子强调"君子和而不同，小人同而不和""礼不用，和为贵"等。《中庸》一书中提出"中和"。在儒家的眼中，和是中、和是度、和是宜、和是当、和是一切恰到好处，无过无不及。实际上，儒、释、道三教共通的哲学理念都是"和"。《周易》中的"保合大和"，指的是世界万物皆由阴阳两要素构成，阴阳协调，保全大和之元气以普利万物才是人间的真道。道教的"天人合一，道法自然"，佛教的"圆满和谐"也是同理。2006年6月，在浙江的杭州市及舟山市同时举行的"首届世界佛教论坛"，其主题是"和谐世界从心开始"，倡导"做人要和善，人际要和顺，家庭要和睦，社会要和谐，世界要和平"等。

中华传统文化是以儒、释、道和农耕文明为主干的，中华人文精神是以人为本，以"和"的理念和价值观来营建中华的文明体系。1992年前后，由中国、日本、韩国、马来西亚、新加坡等国茶人发起的国际茶文化研讨会提出了"天下茶人是一家"的口号。1993年11月，在中国成立的国际茶文化研究会在此基础上又提出了"以茶惠民，茶和天下"的主题。2002年，马来西亚总理马哈蒂尔在马来西亚举行的第七届国际茶文化研讨会上致辞："如果有什么东西可以促进人与人之间的关系的话，便是茶。茶味香馥、意境悠远，象征中庸和平。在今天这个文明与文明互动的世界里，人类需要对话和交流，茶是最好的中介。"2016年5月18日，由农业部与浙江省人民政府共同主办的"中国国际茶叶博览会"又提出了"茶和世界，共享发展"的主题，反映出茶在"天下""世界"的魅力和意义。

茶是因中华的"古初草民"如"神农尝百草，一日而遇七十毒，得茶以解之"的发现以及以后的认识、利用、体悟而流传，又经中华各民族的历代文人雅士与各方社会精英们的联想、赞美、著书立说而激活流芳，上下几千年，中国茶以其独特的亲和力、生活化、精神化而创造了中华茶文化，成为中华传统文化中一枝悄然独放的奇葩。

儒家"以茶利礼仁""以茶可雅志"，佛家以茶参佛，道家以茶修真，民间以茶养生益智等。茶与茶文化以其无穷的美妙，成为不分人种、不分国度、不分时空，雅俗共赏。茶源于中国、兴在亚洲、流向世界，在茶深受世界各国人民喜爱的同时，世界上许多智者贤达也通过喝茶喝出了一套套的养身修性理论。比如日本以"和、敬、清、寂"为茶道精神，韩国以"和、敬、俭、真"为茶礼精神，中国更是百花齐放，有谓"廉、美、和、敬"的，有倡导"礼、敬、清、和"的，有主张"和、俭、静、洁"的，也有概括为"清、敬、和、美"的。凡此种种，不一而足。都在"和而不同"地体现着《老子》的"道生之、德蓄之、物形之、势成之"。"和"是"中国茶道"的内核，涵盖了中国茶文化精神。

"以茶惠民，茶和天下"，既是茶和茶文化对中华民族的真实写照，也是对世界做出贡献的客观事实。在世界上，亚洲是在 1000 多年前开始流行中国茶的，欧美则是在 400 多年前开始流行中国茶的。世界著名人类学家艾伦·麦克法兰把茶看成英国现代文明的重要依据，他说："茶叶缔造了大英帝国，没有茶就不会有英国的现代文明。"著名世界科技史专家李约瑟曾说："茶是中国贡献给人类的第五大发明。"当今世界有 160 多个国家（地区）近 30 亿人在饮茶，世界上没有哪一种饮料具有茶所拥有的消费者的数量。

二、茶与茶文化的现实意义

"茶为国饮，以茶惠民，茶和天下"，这是对茶与茶文化作用的历史概括，也是弘扬茶文化、发展茶产业的时代要求。20 世纪 90 年代以来，中国茶文化的弘扬、茶产业的发展都很快。2021 年，中国的茶园种植面积已经达到 4900 余万亩，茶叶产量已经超过 300 多万吨，国内销售 230 多万吨，出口 36.9 万吨左右。但中国的茶产业发展与国内外

茶和茶文化的现实意义

消费者的需求明显存在着"不平衡""不充分"的矛盾。茶和茶文化都必须顺应时势，面向生活、面向大众、面向社会、面向世界，促进人们茶生活与茶经济、茶文化之间的平衡充分发展。

（一）我们要倡导"茶为国饮"，满足以茶惠民的美好生活

茶为中华民族举国之饮。茶不仅仅可以解渴，而且能给人带来健康。茶学院士陈宗懋先生有段精辟的语录：几分钟喝茶是解渴，几小时喝茶是休闲，天天喝茶是习惯，一辈子喝茶有利于健康。所以，茶对中国人来说，是美好生活的生理之饮、媒介之饮、文化之饮、健康之饮。

茶是中国人仅次于水的第二大饮料。改革开放以后，受到文化的多元性、生活的多样性冲击，国外的人工饮料尤其是碳酸饮料大量地进入了中国市场，很多青年人崇时尚求便捷，因而人工饮料备受欢迎。这不仅对"茶为国饮"形成严峻的挑战，而且长期喝碳酸饮料对人的健康也会带来隐患。尽管这些年在茶文化的传播引导下，中国喝茶的人有所增多，但中国的人均茶消费在世界上排名并不靠前，并且我国的茶叶深加工及衍生产品的发展水平还有很大的提升空间。

茶如何成为人们美好生活的品质之饮，是全社会所共同关注的。茶目前的第一消费还是饮品，再是在饮品的基础上倡导"品"。只有品茶才会重视泡茶的技巧，只有品茶才会重视品饮艺术，只有品茶才会重视茶叶与水的关系、与茶具的关系，从品茶品出感悟、品出文化、品出美好生活。同时，要开发适应青年时尚的茶质饮料、茶食品等产品。顾客是消费的"上帝"，人民只有不断追求茶生活的品位，才能带动茶产业链的发展。茶不仅可以惠民，也可以富民。以民为本，是我们共同的初心。

（二）要倡导茶是"健康中国"的一剂养生处方

喝茶有利于健康是人们喝茶的第一要义。从神农尝百草，以茶解毒的传说开始，此后的华佗、李时珍等中国历史上的名医都把茶作为药理养生的必需品。12—13 世纪，茶在日本之所以能广泛地传播，得益于荣西《吃茶养生记》这本书的传播。

1560 年，葡萄牙的克鲁兹等欧洲的传教士在向欧洲各国介绍中国茶的文章中写道，"此物味略苦，呈红色，可以治病""来自亚洲的天赐圣物"。1658 年 9 月，英国伦敦报纸上第一则茶广告就介绍了中国红茶的药用价值等。

现代科技研究表明，茶中的许多化合物是人类健康的无机营养素。在中国提

出"健康中国 2030"建设的目标下，要抗衡影响人类死亡的四大因素——高血压、吸烟、高血糖和缺乏运动等，要顺应国际倡导的健康生活方式——合理饮食、适当运动、禁烟限酒，以及在平衡心态方面，茶都有它不可替代的作用。比如餐前、饭后科学饮茶有利于合理饮食；科学饮茶是"禁烟限酒"的最佳替代品；静下心来与家人或朋友们"喝茶去"是放松心情、愉悦自己、平衡心理的良好方式；常常去茶园、茶山、茶村休闲观光也是一种良好的运动方式。实践表明，常年科学饮茶的人，不仅可预防血糖、血脂异常升高，而且会使人感到年轻。世界卫生组织把绿茶、红葡萄酒、酸奶、豆浆、蘑菇汤与骨头汤等定为人类六大保健饮料，可见，茶在人类健康养生中有独特作用。茶是"健康中国 2030"建设的一剂"好处方"。

（三）倡导茶是休闲时代的一种生活方式

按照国际休闲理论，休闲时代要具备两个基本条件：一是经济条件，人均 GDP 达 3000 美元以上；二是时间条件，一年有近 1/3 的时间可以休假，并可以分年休、周休、法定假日休。目前，这两点中国都做到了。2022 年，我国人均 GDP 达 12000 美元以上[①]，假期时间在 120 天左右。休闲社会的几个基本特点是：一是休闲生活常态化；二是休闲消费脱物化；三是城市功能休闲化；四是生活品位娱乐化；五是休闲方式体验化；六是休闲方式可重复化。为此，中国社会科学院相关课题组将休闲时代的方式活动划分为消遣旅游类休闲、文化娱乐类休闲、体育健身类休闲、怡情养生类休闲、社会交往类休闲与其他休闲 6 大类。无论历史的还是现实的事实都表明，茶的功效与茶文化可以成为广大民众放松、品茗养生并可重复化的一种休闲方式（图 6.5）。

图 6.5 品茗

三、茶与"一带一路"

历史上中国茶叶同丝绸、瓷器一起通过千年的古"丝绸之路"走向了世界，不仅扩大了与世界各国的交往，也带动了中国茶生活、茶文化受到世界人民的喜爱。在当今"一带一路"扩大开放的新时代，中国茶完全应该有信心走向世界。

茶与"一带一路"

中国茶要走向世界，有几个问题值得我们重视。

（一）坚持茶文化自信

中国茶品种多、口味富、汤色丽、味香醇、外形美，这是中国茶制作的独特匠心工艺决定的，也是中国茶在区域小气候和人文特点基础上构成的文化的原真性和包容性。中国茶在心态和行为文化含义上具有多义性，比如：采茶去，是植物；喝茶去，是饮料；以茶养生，是保健；"柴米油盐酱醋茶"是老百姓的一种习俗；"琴棋书画诗酒茶"是文人的风雅；茶艺是一种美学；以茶会友、以茶传情是媒介；以茶修身是哲理等。这都是中国茶的文化特色。

（二）把中国茶的品质建设放在至关重要的位置

当今世界，人们更加追求食品的品质安全，茶不像水与粮食那样是人类生命（食牛肉、羊肉等为主的少数民族除外）必需的战略物资，茶是人民生活的一种习俗和美好生活的风雅姿态。所以中国茶要吸引外国消费者，品质安全至关重要。为此，既要保持中国茶独特工艺的原真性、又要重视标准化，打造独具特色的中国茶品牌。

（三）创新我国对外贸易的经营理念和方式

对外贸易不能无序竞争，要适应国际变化，要重视规范化、标准化，要了解国际上不同国家的消费习俗和文化差异，有针对性地向他们介绍中国茶的特点、泡饮方法等，要让他们感受到中国茶的色、香、味，只有抓住了他们的"口感"才能抓住他们的"心"。还要注意茶消费的层次性，不同的人群对茶的要求是不同的。

（四）要从中国的国情出发，打造中国茶的品牌

中国茶产业在山区农村是富民产业。中国茶的品质品牌建设，大多数地方走的是"区域公共品牌＋企业品质品牌"有机结合的路。区域公共品牌是企业品牌的形象代表与影响力，企业品质品牌是区域公共品牌的有力支撑和保证。走"区域

公共品牌＋企业品质品牌"有机结合的路，需要通过"龙头企业＋农户（或合作社）＋高品质＋现代化（科技、资本、营销网络、社会服务等现代化）"等的方式，这就需要政府的主导，科研院校与龙头企业的带动，科技与文化的支撑，社会各方的关心支持等。

　　总之，中国茶产业与茶文化的发展只要抓住国家实施"一带一路"和"乡村振兴"发展的机遇，弘扬优秀传统文化，崇尚健康美好生活，协同政府、企业资源，汇聚各界茶人的力量，就一定能够谱写出中华茶文化更加绚丽辉煌的新篇章。

思考题　6.1　结合自身理解，谈谈你对茶禅一味的理解。
　　　　6.2　结合自身理解，谈谈什么是茶人和茶人精神。

章节测试

参考文献

　　[1] 陈宗懋. 中国茶经 [M]. 上海：上海文化出版社，1992.

　　[2] 孙忠焕. 茶文化的知与行 [M]. 北京：中国农业出版社，2018.

第七章

美水佳器育茶艺风姿

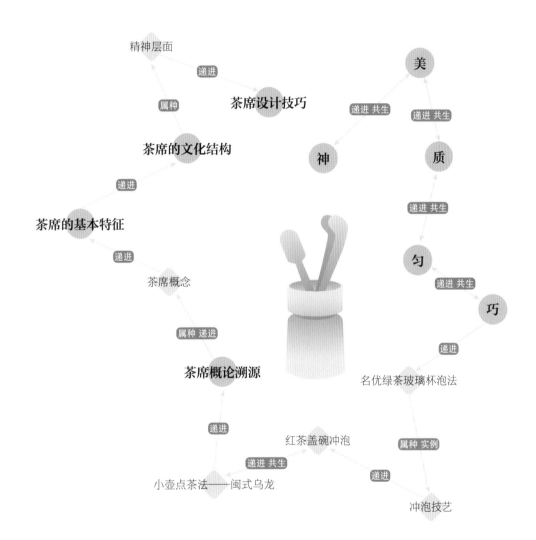

精神层面

递进

属种

茶席设计技巧

茶席的文化结构

递进

茶席的基本特征

递进

茶席概念

属种 递进

茶席概论溯源

递进

红茶盖碗冲泡

递进 共生

小壶点茶法——闽式乌龙

美

递进 共生   递进 共生

神   质

递进 共生

匀

递进 共生

巧

递进

名优绿茶玻璃杯泡法

属种 实例

递进

冲泡技艺

第一节　艺为茶之灵：茶艺概论

泡好一杯茶，要领主要由五个字组成，即神、美、质、匀、巧。

一、神

"神"指茶艺的精神内涵，是茶艺的生命，是贯穿于整个沏泡过程的连接线。从沏泡者所显露的神气、光彩、思维活动和心理状态等，可以表现出不同的境界，因而其本人对他人的感应力也就不同，这反映了沏泡者对茶道精神的领悟程度。能否成为一名茶艺师，"神"是最重要的衡量标准。作为一名初学者，不应只拘泥于沏泡动作的到位与否，平时应多看文史哲类图书，多欣赏艺术表演，只有从各个方面努力提高自身的文化修养及领悟能力，才能在不断实践中体会到不可言传、只可意会的茶艺"神"之所在。

茶艺基础
知识

二、美

茶的沏泡技艺，应该给人以一种美的享受，包括境美、水美、器美、茶美和艺美。茶的沏泡艺术之美表现为仪表的美与心灵的美：仪表——沏泡者的外表，包括容貌、姿态、风度等；心灵——沏泡者的内心、精神、思想等，通过沏泡者的设计、动作和眼神表达出来。

泡茶动作要求轻盈、优雅，茶汤口感适口，茶席布置符合情理，在整个泡茶的过程中，沏泡者始终要有条不紊地进行各种操作，双手配合，忙闲均匀，动作优雅自如，使主、客都全神贯注于茶的沏泡及品饮之中，忘却俗务缠身的烦恼，以茶修身养性，陶冶情操。

（一）境美

境美应是泡茶者营造出来的一种意境美感。它包括茶席的席面以及整个茶室的空间（图 7.1）。

图 7.1　雅室

（二）水美

水为茶之母，器为茶之父，什么样的茶配什么样的水，我们需要找到合理的搭配方法。

（三）器美

茶和器之间有一个最佳搭配方式，所以在选择茶器的时候，需要根据茶叶的特点进行搭配。

（四）茶美

茶美是指茶汤的美感。茶艺师除了在泡茶过程中给人展示茶汤美感的层面以外，还要让对方品鉴到美味的茶汤。

（五）艺美

艺美指的是茶艺师本身，即茶艺师在泡茶的过程中，所展示给人的外在美感。茶沏泡技艺之美的表现，应该有仪表美和心灵美这两个层面。仪表美是茶艺师外在的美感，包括容貌、姿态、风度等（图 7.2）。心灵美指的是内在的修为。

图 7.2 个人茶艺表演

三、质

品茶的目的是鉴赏茶的品质，一人静思独饮，数人围坐共饮，乃至大型茶会，人们对茶的色、香、味、形之要求甚高，总希望饮到一杯平时难得一品的好茶。茶艺师沏泡出一壶好茶，是茶艺表演的基础。其他诸如华丽服饰、精巧茶具等只作点缀。要泡好一杯茶，茶艺师应努力以茶配境、以茶配具、以茶配水、以茶配艺，要把前面分述的内容融会贯通。例如，红茶的主要特点是红汤红叶、滋味醇和、香气馥郁，还给人以温暖的感觉，所以要把红茶特性完美地显现，就是茶艺的根本。

四、匀

匀是艺的功夫，茶汤的浓度均匀是沏泡技艺的功力所在。在中国香港和台湾地区举办泡茶比赛时，它的评分标准除了仪表动作之外，还要看茶汤表现得是否恰到好处，通过评判三道茶的汤色、香气、滋味，品析谁能把这三道茶的香气滋味口感呈现得最为接近，就说明这位茶艺师在泡茶时对茶汤的品质掌控得最好。

图 7.3　团队茶艺表演

这种比赛方式，实际上也是体现了匀的功夫。茶艺比赛，除最初的视觉效果得以满足外，还增加了茶汤的品饮，对茶艺师的素养要求也越来越高。所以作为一名优秀的茶艺师，要将茶的自然科学知识和人文科学知识全面融合在这杯茶汤之中。

五、巧

巧是艺的水平，能否巧妙地运用沏泡技艺是茶艺师的水平之所在。在各种茶艺表演中，表演者要具有随机应变、临场发挥的能力，从"巧"字上做文章（图 7.3）。初学者常常是单纯地模仿他人的动作，而不能真正地领悟到泡茶的精髓之所在，就不能根据季节、制作工艺、品质等的不同而去变化自己的冲泡方式。影响茶品质的因素不是单一的，如气候、工艺、储存条件的变化，都会影响茶的品质。因此，初学者只有反复实践、不断总结才能有所提高，从单纯模仿转为自我创新。

对于初学者来说，一定要掌握好以上这五个要点，并融会贯通地运用到平时的泡茶过程中去。

第二节　精工出巧艺：茶艺实践

一、名优绿茶玻璃杯泡法

玻璃杯是日常生活中常见的器具，质地透明晶亮，冲泡过程中能较好地呈现名优绿茶的细嫩柔软、茶汤的色泽以及曼妙旋转的姿态，非常具有品赏价值。

📹 绿茶玻璃杯
泡法

（一）绿茶冲泡投茶方法

名优绿茶由于花色繁多，形状、紧结度及绒毛量不一，因此投茶方法需要根据茶的外形特征而定，可以用上、中、下三种投茶方法以突出名优绿茶的特色，增添泡茶的意趣。

上投法：即先水后茶，适用于卷曲型、茶毫显的绿茶，可以观赏到茶叶缓缓下沉的姿态，代表绿茶有碧螺春。

中投法：即水半入茶，适用于芽型绿茶，可以观赏到茶芽上下浮动、根根竖立的优美景象，代表绿茶有开化龙顶。

下投法：即先茶后水，适用于扁平型绿茶，因扁平型绿茶浮力较大，吸水不易下沉，下投的方法有利于茶芽吸水舒展，加快茶汤滋味浸出，代表绿茶有西湖龙井。

一般人们饮用绿茶，通常选用下投法，即先将茶叶投入杯中，冲入少量开水浸润后，再以凤凰三点头的手法冲水至七分满后品饮。

（二）冲泡技艺

以下介绍玻璃杯冲泡技法，茶叶选用扁平形代表绿茶——西湖龙井。

1. 备具（图 7.4）

将三只玻璃杯（150～200mL）杯口向下置杯托内，3 只杯及托呈倒三角形摆在茶盘横中心线前部位置；杯盘上半方摆放已置样的茶荷及茶道组；左下角置水盂，中下方置茶巾，右下角放水壶。

图 7.4　备具

2. 备水

急火煮水至沸腾，冲入热水瓶中备用。泡茶前先用少许开水温壶，再倒入煮开的水备用。这一点在气温较低时十分重要，温热后的水壶储水可避免水温下降得过快。

3. 布具（图 7.5）

先行草礼。（女性在泡茶过程中强调用双手操作，一则显得稳重，二则表示敬意。但男性泡茶为显大方可用单手操作）右手将水壶提至身前平移到茶盘的右上角（左手半握拳落于茶台近胸边缘中间位置）；双手将水盂端至身前平移到水壶左

图 7.5　布具

后方；将茶巾端放到水盂左后方；将盘左上角的杯及托端置盘左下角，使三只茶杯呈右前左后的斜线状排列；双手将茶道组放到茶盘左上角，再将茶荷端放在茶道组

右后方，两边器具按左干右湿且呈倒"八"字形摆放好。双手按从右到左的顺序将茶杯翻正，完毕后行注目礼稍作停顿。

4. 赏茶（图 7.6）

双手端起茶荷，从右上角匀速平移到左上角进行赏茶，完毕后放回原位。

图 7.6　赏茶

5. 温杯（图 7.7）

温杯在泡茶中尤为重要，其目的在于提高茶器的温度，有利于茶叶中芳香物质的激发和茶汤内含物质的浸出。左手半握拳，右手提壶绕过水盂及茶巾回到身前调整手势。温杯的顺序从右上角第一杯开始，在杯三点钟方向逆时针回旋注水三圈，水量是玻璃杯的 1/3，依次将中间第二杯及左下角第三杯以同样方式注水，完毕后将壶归位。

双手取第一个玻璃杯端到身前，左手托玻璃杯底部，右手稍作调整拿玻璃杯杯身基部。将杯口朝向自己，逆时针转一圈，温杯水位至杯壁 2/3 处，结束后平移玻璃杯至水盂上方弃水归位，第二杯、第三杯用相同方式温杯，结束后稍作停顿，行注目礼后准备置茶。

图 7.7　温杯

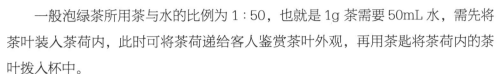

6.置茶（图 7.8）

一般泡绿茶所用茶与水的比例为 1∶50，也就是 1g 茶需要 50mL 水，需先将茶叶装入茶荷内，此时可将茶荷递给客人鉴赏茶叶外观，再用茶匙将茶荷内的茶叶拨入杯中。

7.浸润泡（图 7.9）

以回转手法向玻璃杯中注入少量开水（水量以浸没茶叶为准），促进可溶物质析出。浸润泡时间为 20 ~ 60s，具体时间可视茶叶的紧结程度而定，使茶叶舒展即可。

图 7.8　置茶

图 7.9　浸润泡

8.摇香（图 7.10）

左手托住茶杯杯底，右手轻握杯身基部，逆时针快速旋转茶杯。此时杯中茶叶吸水，开始散发出香气。

9.冲泡（图 7.11）

采用"凤凰三点头"冲水方法，冲水时手持水壶有节奏地三起三落而水流不间

图 7.10　摇香

图 7.11　冲泡

断，以示对嘉宾的敬意。冲水量控制在杯子总容量的七分满，有"七分茶三分情意"之说。

10. 奉茶（图 7.12）

双手向宾客奉茶，这是一个宾主融洽交流的过程，奉茶者行伸掌礼以示请用茶，接茶者宜欠身微笑表示谢意，亦可答以伸掌礼。

图 7.12　奉茶

11. 品饮

品饮时先观赏玻璃杯中茶叶舒展的状态及汤色，接着细细嗅闻茶香，随后小口细品滋味。

12. 收具（图 7.13）

按照"先布之具后收，后布之具先收"的原则将茶具一一收置于茶盘中，行礼结束。

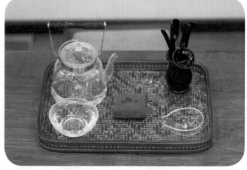

图 7.13　收具

13. 行礼

在茶艺表演开始和结束时，主、客间需要行鞠躬礼。根据鞠躬程度可以分真礼、行礼、草礼三种。其中，"真礼"用于主、客之间，要求行礼幅度为 90°；"行礼"用于来宾之间，要求行礼幅度为 45°；"草礼"用于奉茶和说话前，只需将身体向前稍作倾斜，幅度为 15°。

二、红茶盖碗冲泡法

优质工夫红茶外形条索紧细匀整，色泽乌润，香气馥郁持久，汤色红艳明亮，滋味甘鲜醇厚，叶底红亮。冲泡红茶一般选用成套瓷质茶具，使用茶水分离的方式冲泡，可选用白底红花瓷、红釉瓷、白瓷等茶具，需注意茶杯内壁以白色为佳，便于欣赏茶汤真色。

此处介绍盖碗冲泡技法，选用茶叶为九曲红梅。

1. 备具（图 7.14）

将盖碗、茶盅（公道杯）、品茗杯（四只）、随手泡、水盂、杯托、茶滤、茶叶罐、茶荷、茶道组、茶巾等放置于茶盘中。

图 7.14　备具

2. 备水

煮水至沸腾，冲入热水瓶中备用。泡茶前先用少许开水温壶，再倒入煮开的水备用。这一点在气温较低时十分重要，温热后的水壶储水可避免水温下降得过快。

3. 布具（图 7.15）

两边器具按左干右湿且呈倒"八"字形摆放好，将盖碗移至茶盘内右侧居中，双手按逆时针方向，右上角为第一杯的顺序将三只或四只茶杯翻正，完毕后行注目礼稍作停顿。

图 7.15　布具

4. 赏茶（图 7.16）

双手端起茶荷，从右上角匀速平移到左上角进行赏茶，完毕后放回原位。

图 7.16　赏茶

5. 温碗（图 7.17）

右手虎口分开，大拇指与中指搭在碗身中间部位的内外两侧，食指屈伸抵住盖钮下凹处，端起盖碗，左手托住碗底，双手手腕沿逆时针方向运动，令盖碗内部充分接触热水后，将水注入茶盅，盖碗放回原处，右手取茶盅，左手托底，双手手腕沿逆时针方向转动，杯沿依向后、向右、向前、向左、向后、扶正的顺序回旋，令茶杯各部分与开水接触，后依次倒入水盂中。

图 7.17　温碗

6. 置茶（图 7.18）

用茶匙将茶荷中的茶叶拨入盖碗。名优红茶茶水比为 1∶50，即 1g 茶配以 50mL 的水，当然也可根据来宾口味而定。茶叶直接投入盖碗后将茶匙及茶荷复位。

7. 冲泡（图 7.19）

开水温度宜在 90 ～ 95℃。左手揭盖置斜扣碗托上，右手提开水壶用回旋手法（逆时针），向盖碗内注入开水，约为总用水量的 1/4，水壶复位；左手盖好盖碗盖；右手单手将盖碗拿起，左手托碗底，逆时针转动盖碗摇香，浸润泡 10 ～ 15s，具体时间可视茶叶的紧结程度而定；左手揭盖置斜扣碗托上，右手提开水壶，再向盖碗内高冲低斟注入开水，满至碗口下沿约 5mm 处即可。左手盖上碗盖，静置片刻，同时进行温杯。

图 7.18　置茶

图 7.19　冲泡

8. 温杯（图 7.20）

在冲泡等待间隙进行温杯。双手依次沿逆时针方向回转，使杯壁各部分受热后，将杯内的热水倒入水盂。

图 7.20　温杯

9. 出汤、分茶（图 7.21）

判断盖碗内茶汤浓度适宜后，将茶汤冲入茶盅内，后依次分到四个品茗杯中。

图 7.21　出汤、分茶

10. 奉茶（图 7.22）

双手将泡好的茶依次敬给来宾。这是一个宾主融洽交流的过程，奉茶者行伸掌礼以示请用茶，接茶者宜欠身微笑表示谢意，亦可答以伸掌礼。

图 7.22　奉茶

11. 品饮

观其色，嗅其香，品其味。按"三龙护鼎"的手法端杯品茗。

12. 收具（图 7.23）

按照"先布之具后收，后布之具先收"的原则将茶具一一收置于茶盘中。

图 7.23　收具

三、小壶点茶法——闽式乌龙

按照产区的不同，乌龙茶可分为闽南乌龙、闽北乌龙、广东乌龙以及台湾乌龙四大类。本文选择的茶品为铁观音，属于闽南乌龙，干茶色泽砂绿，香气馥郁，有天然花香；茶汤色泽鲜亮，滋味醇厚，鲜爽回甘。高级乌龙茶具有特殊的韵味，如铁观音具有"观音韵"，武夷岩茶具有"岩韵"，台湾冻顶乌龙具有"风韵"等品质特征。

小壶点茶法：闽式乌龙

铁观音冲泡一般选用朱泥鼓腹形紫砂壶，由于朱泥具有目数大、密度高的特点，因此对铁观音这类高香型茶的香气吸附损失少，同时能最大限度地引香。另外，可使卷曲颗粒状的铁观音最大限度地在壶内舒展开来。

1. 备具（图 7.24）

将紫砂壶、壶承、公道杯、品茗杯（四只）、随手泡、水盂、杯托、茶叶罐、茶荷、茶道组、茶巾等放置于茶盘中。

图 7.24　备具

2. 备水

煮水至沸腾，冲入热水瓶中备用。泡茶前先用少许开水温壶，再倒入煮开的水备用。这一点在气温较低时十分重要，温热后的水壶储水可避免水温下降得过快。

3. 布具（图 7.25）

两边器具按左干右湿且呈倒"八"字形摆放好，将紫砂壶连壶承一起拿起置于托盘中心线靠后的位置，双手按逆时针方向，右上角为第一杯的顺序将四只品

图 7.25　布具

茗杯翻正，完毕后行注目礼稍作停顿。

4. 赏茶（图 7.26）

双手端起茶荷，从右上角匀速平移到左上角进行赏茶，完毕后放回原位。

5. 温壶（图 7.27）

左手大、食、中三指轻轻掀起壶盖放置茶盘上，同时右手提开水壶，向紫砂壶内注入七分满的热水，将开水壶复位，左手盖好壶盖，将水注入水盂，茶壶放回原位。

图 7.26　赏茶

图 7.27　温壶

6. 置茶（图 7.28）

用下投法冲泡，即先投茶入壶而后注水冲泡。用茶匙将茶荷中的茶叶拨入茶壶。一般茶水比为 1∶22，即 1g 茶配以 22mL 的水，当然也可根据来宾口味而定。茶叶直接投入茶壶后将茶匙及茶荷复位。

图 7.28　置茶

7. 温润泡（图 7.29）

右手提开水壶用回转低斟高冲手法向茶壶内注入开水，至壶满，右手提开水壶复位，左手提盖刮沫，将温润泡的水弃至水盂中。

图 7.29　温润泡

8. 冲泡（图 7.30）

开水温度宜在 95℃以上。茶艺师左手揭盖置茶盘上，右手提开水壶用回旋手法（逆时针），向茶壶内注入开水，向壶内高冲低斟注入开水，满至壶口下沿约 5mm 处即可，将水壶复位；左手盖好茶壶盖，静置片刻，同时进行温杯。

图 7.30　冲泡

9. 温杯（图 7.31）

在冲泡等待间隙进行温杯。右手提开水壶，将开水倒入公道杯，沿逆时针方向回转温公道杯，再将公道杯中的开水按翻杯顺序向每只杯内注入 1/2 容量的水。双手温杯沿逆时针方向回转，使杯壁各部分受热后，再将杯内的热水倒入水盂。

图 7.31　温杯

10. 分茶（图 7.32）

用公道杯分茶，按翻杯顺序将每只杯内倒入茶汤，一般倒至八分满即可。

图 7.32　分茶

11. 奉茶（图 7.33）

双手将泡好的茶依次敬给来宾。这是一个宾主融洽交流的过程，奉茶者行伸掌礼以示请用茶，接茶者宜欠身微笑表示谢意，亦可答以伸掌礼。

图 7.33　奉茶

12. 品饮

观其色，嗅其香，品其味。按"三龙护鼎"的手法端杯品茗。

13. 收具（图 7.34）

按照"先布之具后收，后布之具先收"的原则将茶具一一收置于茶盘中，行礼结束。

图 7.34　收具

第三节　融合之美：茶席设计

一 、茶席概论溯源及概念

（一）茶席概论溯源

茶席是茶文化发展到一定阶段的产物，当人们有意识地布设呈现茶具以及周边器物的美学空间时，就渐渐有了茶席的意识。茶席始于唐代，随着其在上流社会的普及，饮茶逐渐成了文人雅士、寺院僧侣和皇室君臣的风雅之事，而饮茶的环境与茶席布置也因此得到了发展。发展到了宋代，当时宋人不仅将茶席置于自然之中，还把一些彰显意境的艺术品设计在茶席上，如插花、焚香、挂画、点茶，也被当时称作文人四艺。

🎬 茶席概论溯源及概念

（二）茶席概念

茶席的基本概念可以定义为设计者为满足人们对用茶行为的不同需求，按照一定的规则，选定诸多关联的要素，明确主题，精心布设具有茶元素的时空体系。

茶席的概念有狭义与广义之分。狭义的茶席指的就是泡茶席，广义的茶席则包括泡茶席、茶室、茶屋、山房茶寮等。总的来说，茶席就是茶道或茶艺表现的场所，它具有一定程度的严肃性，必须有所规划，而不是任意的一个泡茶场所都可以称之为茶席。

茶席是茶事活动的重要构成，集大成者，通过茶、水、器、境、人等诸多要素的和谐，互相衬托，成就设计者对美的初心。在设计一套茶席的时候，应该把控好茶、水、器、境、人之间的关系，它们之间是相互衬托、相互和谐的，而不能有一个点特别突出。只有把控好和谐的关系，才能呈现出美的作品。

1. 茶席之美（图 7.35）

"茶"与"美"两字在造字结构上都是开放式的，没有封闭，没有阻隔，笔画

图 7.35　茶席之美

都是向外的，呈现出无限包容的现象，充分体现了先人对茶与美之间的一种期待。追求茶席的美学价值，应该是从美学衍生出茶美学，再由茶美学衍生出茶席美学，无论是东方美学还是西方美学，我们都可以从《诗经》和宗教当中受到一些启发，都是源于又高于物质文化的表达。既然美学是由诗演进而来的，那么我们可以试图从儒家的经典著作《诗经》里去寻找茶席设计文案的灵感。

2. 茶席语言（图 7.36）

茶席语言有两种，一种是镜头语言，另一种是文字语言。镜头语言就是给人一种直观的感受，文字语言是将茶席的中心思想表达出来。

茶席可以完美地诠释茶道。无论是中国茶道"廉、美、和、敬"的精神，还是日本茶道"和、敬、清、寂"的精神，或者是韩国茶道"和、敬、俭、真"的精神，它们之间的共性，其核心是一个"和"字，在于通过茶席设计的诸多元素选择和搭配来体现茶席的核心与主旨，去传递人与社会、人与自然之间的和谐关系。

茶席可以完美地表达茶境。茶席表达的茶境是设计者综合能力的直接呈现。作为一名茶人，对茶席设计中的一些元素的把控，需要平时积累非常多的知识，

图 7.36　茶席语言

比如工艺美学、环境美学、礼仪美学、比较美学、鉴赏美学、民俗美学等，才能
将茶席完美地呈现。

工艺美学：茶席设计时，在器皿的形态选择上需要具备一定的工艺美学能力。

环境美学：茶席是放置在室外还是室内，是放置在某一个点还是一个面上，这
都跟环境美学相关。

礼仪美学：中国自古以来就是礼仪之邦，因为中国茶文化是中国传统文化的组
成部分，所以茶道中也蕴含着传统礼仪。

比较美学：我们应该对物和物之间有相互比较的能力，能选择更好的物品来为
我们所用。

鉴赏美学：我们只有具备欣赏的能力，才能有创造美的能力。

民俗美学：中国有 56 个民族，每个民族的文化以及饮茶风俗都不尽相同，因
此也需要我们了解民俗美学方面的内容。

只有具有上述这些美学基础，我们才能以真为本，以美为善，以善为先。

茶席可以完美地呈现茶之终极美学价值。美的终极价值是人的健康。茶席的
直接功能是营造物质、制度、行为以及心态四个层面的健康价值，由茶席传递的
美学价值，是茶产业发展的重要环节，也值得从业者研究与思考。

图 7.37　茶席的文化结构

二、茶席的文化结构（图 7.37）

（一）茶席的基本特征

茶席在漫长的演化过程中，经过一代代爱茶人士的参与，呈现出
了多姿多彩的风貌，主要表现为以下四个特性，即文化性、时代性、
地域性和民族性。

茶席的文化
结构

1. 文化性

不同的文化决定了茶席布设呈现的主题、构成茶席的茶具及相关元素，使茶
席呈现鲜明的文化个性。在同一文化圈中，又因为阶级和阶层的差异，茶席的文
化性也呈现出了不同的特点。比如唐代的煎茶，宋代的点茶，到了明代，废除团
茶，用简洁的瀹泡法取代，由此，我们看到在不同时代的文化属性上，呈现出了
不同的饮茶方式，也呈现出了不同的茶席特征。

2. 时代性

饮茶的方式随着时代变迁而不断地演变，茶具及茶席也随之而变，这里体现
了茶席鲜明的时代特征。从古代流传下来的茶画中，我们可以看出茶席在不同时
代的演变。

3. 地域性

不同地域的人在茶席的布呈方面存在着地域性的差异。它是由于气候、时空的差别和地域环境的差异而产生潜移默化的影响。

4. 民族性

不同民族在茶席布呈方面也存在着较大的差异。与世界其他民族相比，中国的茶席布呈，有着明显的民族特色，很多少数民族会在茶席中融入他们的习俗及偏好。

（二）茶席的文化结构

茶文化是一个复杂的系统。茶席是茶文化的具象表达，呈现在人们眼前这一方具象的茶席，其基本的文化结构可以呈现为以下三个层面，即物质层面、制度层面和精神层面。

1. 物质层面

物质层面是以物质形态为主要表达方式，是由茶与物质空间、各类器具等构成，通过具体的物质形态的器物来呈现。这个层面也是人们对茶席的直观印象，看到摆放错落有致的茶具，会让人们下意识地理解为这就是茶席。

2. 制度层面

制度层面是以制度形态为主要表达方式，由茶席设计要则、内在规范和引导方向等构成，并将茶席中的物质层面和精神层面有机结合，是茶席结构中的传感器和传动者。

3. 精神层面

精神层面是一种相对于物质层面和制度层面来说更深层次的文化现象，是整个茶席系统中的核心层，包括茶席表达的哲思、价值观和美学追求等，是茶席布设呈现境域等意识形态的总和。

茶席的物质层面为制度层面和精神层面提供了物质基础，是茶席的外在表现和载体；制度层面约束规范了精神层面和物质层面的建设；而茶席的精神层面为物质层面和制度层面提供了思想基础，是茶席布呈的核心。三者相互作用，共同构成了茶席的全部内容。

图 7.38　茶席设计技巧

三、茶席设计技巧（图 7.38）

（一）茶席的构成要素

茶席是由不同要素构成的，不同的设计思想造就了不同的茶席作品。其构成要素包含茶品、茶器、铺垫、空间环境、季节时间、动态演示等。

📹茶席设计
技巧

1. 茶品

茶，既是茶席设计的灵魂，也是茶席设计思想的基础。因茶而有了茶席，因茶而有了茶席设计，茶在一切茶文化以及相关的艺术表达形式中，既是源头，又是目标。茶是茶席设计的灵魂，茶席又通过茶品来表达设计者更多的情感，也就是说始于茶但又不止于茶。

2. 茶器

茶席设计中常用的茶器分为主茶具与辅茶具，主茶具主要是用来泡茶的器皿，而辅茶具是辅助泡茶用器。茶具的材质主要有陶瓷、紫砂、玻璃、漆器、竹木、搪瓷、陶土、金属、石器等，要根据茶席设计的需求及茶品的特征，选择合适材质的茶具。

3. 铺垫

铺垫是指茶室设计中，置于泡茶台上用于装点台面，或者为了防止泡茶器具直接接触到台面的物品，铺垫的材质和色彩要与茶席主题相符，它是表达设计诉求的主要方式。

4. 空间环境

空间环境设计是对茶品冲泡和品茗背景以及整个茶文化氛围的营造，是茶席设计中不可或缺的重要组成部分，通常包括插花、焚香、挂画、茶点、工艺品背景等。这些元素的结合，形成了一个有效的品茗空间。空间环境设计包括泡茶台上茶具的组合、放置以及插花、屏风、茶点等搭配物品。

5. 季节时间

茶席设计不仅仅是物质空间的，还属于时空空间的范畴。茶席设计者以多元化思维所表达的茶席主题，不能忽视时间维度。一年四季、有二十四节气，可以根据四季或节气的不同设计与季节相关的茶席。从文化的角度而言，不同的年代、季节、昼夜的每个时刻，都蕴含了特定的文化信息。

6. 动态演示

茶艺师在泡茶过程中的举止姿态，要给人一种美好的感觉。泡茶中的每一个动作都要圆活、轻灵、连绵，动作与动作之间要有起伏、虚实和节奏感，使观赏者深深地体会其中的韵味。

（二）茶席的设计技巧

1. 和谐的表达方式

如何设计出一席具有思想性、艺术性和实用性的茶席，需要在沿与革、艺与用、时间与空间中寻找和谐的表达方式。

2. 明确主题，力求简约明快

茶席设计需要明确主题，根据这个主题进行延展。设计要采用与主题相关的色调及器物，再添加简约易懂的季节必需品。设计的茶席应尽可能地朴实、简单、美观、脱俗、雅致等。

3. 区隔空间，力求协调灵动

品茗的场合、空间应该如何划分？要对空间进行多维度（横向、纵向、宽度、纵深）的区隔，以实现空间错落有致，相互呼应。在划分空间时，可以选用不同材质的装饰物（如屏风、棉麻、珠帘等）进行设计，体现明晰的生活应用价值，设计出空间的灵动感与层次感。

4. 视觉聚焦，力求焦点凸显

在空间设计上，充分利用空间的景深，合理选用花卉的高低与配色效果，运用将重要的元素抬高的摆放手法，凸显视觉的焦点，给人以宾主相宜的视觉美感，让时间与空间有序交错，组件灵活，追求守中有破，可以根据整个茶席的主色调搭配色相、彩度、纹理以及质感。如果要营造雅致的氛围，就可以选择着色系列的茶席；如果要营造现代时尚感的氛围，就可以选择一些凸显色彩以及强烈现代感的元素，而不要选择古板元素。

（三）茶席插花

让花木的色彩与线条融入茶席，与茶具合为一个整体；让花木的色彩为茶席增添一些灵动感。茶席中的插花，给宾客传递一种感情和情趣，使人看后赏心悦目。如果茶席是为个人品饮的，那么插花的方向可以朝向自己。

雅室无须大，花香不在多，清静雅致的环境既适合读书，也适合品茶。营造品茶的环境，设置空间的艺术，没有固定的法则，我们先要观察环境的现实条件，再巧妙地运用种种手法，慢慢营造出一种雅洁明亮的空间氛围。

思考题

7.1　试述如何泡好一杯茶。

7.2　关于茶席设计，我们应具备哪些综合能力？

章节测试

参考文献

[1] 林治. 中国茶艺学 [M]. 西安：世界图书西安出版公司，2011.

[2] 周新华. 茶席设计 [M]. 杭州：浙江大学出版社，2016.

科学饮茶促
进健康之效

第八章

科学饮茶促健康之效

茶多酚与健康

看时饮茶   茶氨酸与健康
                                    递进 共生
    递进 共生   属种   递进

看人饮茶   注意事项   递进   咖啡因与健康

    递进 共生   以化学视角看六大茶类
                              茶叶中的化学成分
看茶饮茶
                                                    隋文帝饮茶医头痛
科学家精神的传承发扬   隋朝饮茶蔚然成风   递进

    实例   共生 实例   实例   神农尝百草
                                    《本草纲目》记载   实例   实例

张堂恒   茶叶的其他功能   "茶为万病之药"的
                                                    历史回顾   实例

    并列   属种   李时珍《本草纲目》
                茶对癌症的预防   实例
吴觉农
                            递进   递进   日本种茶鼻祖荣西禅师
    并列   饮茶加运动,
                    更利于保护神经   属种 实例
庄晚芳
                            递进   茶抗氧化和延缓衰老
                                                    作用的研究
            茶的神经保护作用
                    递进 共生   唐末刘贞亮提出茶有"十德"

            茶对糖尿病的防治作用
                                            递进 共生
茶叶预防心血管疾病
的作用机制   茶的防辐射作用

    属种   递进   实例
                                            实例   实例
                茶能延年益寿   实例   一封大使的来信
    递进 共生
                递进 共生   典型应用事例
茶对心血管疾病的影响   抢盐风波和喝茶

第一节　茶的成分与功能

一、茶叶中的化学成分

茶从生化角度来看，是各种各样的生化反应所产生的一系列化学成分组成的特殊物质。在茶的新鲜叶片中，主要成分为水，占75%～78%，干物质只占22%～25%，水与干物质的比约为3∶1，一般来说需要四斤多的鲜叶，才能做成一斤干毛茶。茶叶的干物质中，有机物是其主要成分，占比为93%～96.5%，无机物只占

茶叶中的化学成分

3.5%～7%。构成茶叶的有机物和以无机盐形式存在的基本元素有30多种：碳、氢、氧、氮、磷、钾、硫、钙、镁、铁、铜、铝、锰、硼、锌、钼、铅、氯、氟、硅、钠、钴、铬、铋、硒、钒等。

茶叶中经分离、鉴定的已知化合物有700多种，其中包括初级产物，如蛋白质、糖类、脂类。茶叶中更重要的是二级代谢产物，比如茶多酚、色素、茶氨酸、生物碱、芳香物质、皂苷等。在茶叶的干物质化学成分中，蛋白质占20%～30%，糖类占20%～25%，茶多酚占18%～36%，类脂占8%，生物碱（主要是咖啡因）占3%～5%，有机酸占3%，氨基酸（主要是茶氨酸）占1%～4%，色素占1%，维生素占0.6%～1%，芳香物质占比较少，为0.005%～0.03%。茶叶中的无机化合物总称灰分，占干物质的3.5%～7%。其中水溶性部分占2%～4%，水不溶性部分占1.5%～3%，灰分中主要是矿物质元素及其氧化物。在无机化合物组成中，大量元素有氮、磷、钾、钙、钠、镁、硫等。其他元素含量很少，被称为微量元素。

对于纷繁复杂的十几大类、数百种的茶叶化学成分（图8.1），可以从三个层面去理解。

第一个层面为产量成分。茶叶中的产量成分亦被称为产量构成物质。与茶叶的产量密切相关的化学成分是茶叶嫩梢干物质的总和，也可以把它称为重量。

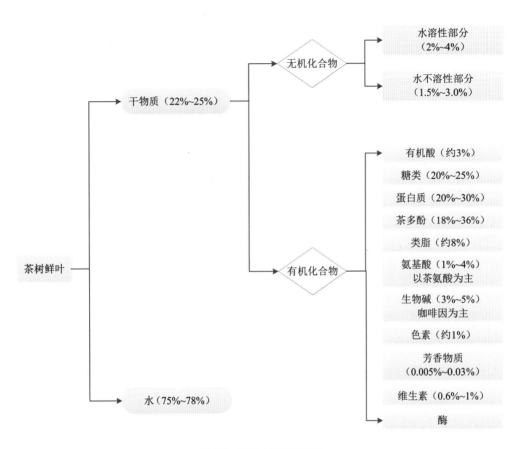

图 8.1　茶叶中的化学成分

在茶叶干物质中，主要有三大类物质和茶多酚。三大类物质主要为糖类、蛋白质和脂类。这四种成分加起来占干物质总量的 90% 以上，因此叫作茶的产量成分。

第二个层面为品质成分。20 世纪 90 年代以后，相关学者发现，相比于产量，品质更为重要。茶叶的品质成分，广义地讲是影响茶叶色、香、味品质的物质。经过多年对茶叶生化的研究，结合感官审评，到目前为止，大多数研究发现茶叶的品质成分主要有水、氨基酸、茶多酚、咖啡因、水浸出物和粗纤维，红茶还包括茶黄素。其中，氨基酸主要为茶氨酸。茶多酚中主要是儿茶素、叶绿素、胡萝卜素，这些成分也会影响茶叶的色泽。茶的香气与芳香物质的种类、含量及配比有关。茶叶的滋味与茶多酚、氨基酸以及生物碱有关。品质包括色、香、味：颜色主要由叶绿素、胡萝卜素、茶多酚等决定；香气是指茶叶中的芳香物质，在鲜叶中有 87 种，绿茶中有 260 多种，红茶中有 400 多种；滋味主要由茶多酚、咖啡因、氨基酸等决定。我们喝茶会觉得有苦味，其主要贡献因子是咖啡因；涩味的主要贡献因子为茶多酚，鲜爽感的贡献因子主要是茶氨酸。品质成分与产量成分也可以做以下理解：产量成分相当于我们的体重，品质成分相当于我们的长相。对于一个人的体重来讲，成分越多，肯定越重；而品质就要讲究比例的关系。

第三个层面为功效成分。什么是功效成分？即能通过激活体内酶的活性，或者其他途径，调节人体机能的物质。饮茶有助于健康，如茶多酚、咖啡因、氨基酸、茶多糖，对我们身体健康有利，是茶叶中的功效成分。目前，实现应用价值的功效成分主要有茶多酚、咖啡因、茶氨酸和茶多糖，当然也包括茶多酚的衍生物。

二、茶氨酸与健康

茶叶中的特征性成分一般满足以下三个条件。第一，它是茶叶中特有的，其他植物里没有，或者其他植物里虽然有，但是含量很少。第二，在水中具有较好的溶解度，不溶于水的化学成分难以被利用。茶叶中的蛋白质、糖类、脂类，虽然成分比例在茶叶中是最高的，但因其在沸水中很难浸出，而且该类物质在其他植物中含量也很高，非

🎥 茶氨酸与健康

茶叶中特有，所以不能把它作为茶叶的特征性成分。第三，能被人体吸收利用，且具有一定的生理功效。符合以上三个条件的茶叶的特征性成分，现在确定的只有三个，即茶多酚、咖啡因和茶氨酸。

茶氨酸属于茶叶中的氨基酸，目前在茶叶中已经发现并确定的游离氨基酸有26种，其中20种是蛋白质氨基酸，它们是参与构成蛋白质的氨基酸，另外6种与蛋白质无关的氨基酸，又称非蛋白质氨基酸，有茶氨酸、γ-氨基丁酸、豆叶氨酸、谷氨酰甲胺、天冬酰乙胺、β-丙氨酸。其中，茶氨酸和γ-氨基丁酸是近几年茶叶界研究较多的。茶氨酸之所以是茶树中最重要的游离氨基酸，原因有两点：第一，它含量最高。在26种氨基酸里，茶氨酸占50%，在某些茶叶中甚至可达70%以上，比其他所有氨基酸加起来还多。茶氨酸一般占茶叶干物质总量的1%～2%，有些名优茶可达2%以上。第二，茶氨酸和茶叶品质关系密切。尤其是在绿茶中，它可以作为滋味因子。茶氨酸的含量与绿茶品质的相关系数非常大，基本上呈正相关，相关系数可达0.987。

（一）茶氨酸的结构和性质

茶氨酸，属于酰胺类化合物，从化学角度看，是在茶树根部由一分子的谷氨酸和一分子的乙胺[图8.2（a）]，在茶氨酸合成酶的催化作用下合成的。在生长季节，从其合成部位——茶树的根部被运输到地上部分。茶氨酸主要性质是指物理性状，它是白色的针状结晶[图8.2（b）]，熔点为217～218℃。容易溶解在水中，且溶解性随温度升高而增大，在茶汤中浸出率可以达到80%及以上。茶氨酸具有焦糖香味，以及类似味精的鲜爽味，对茶汤滋味具有重要的作用。茶氨酸与滋味等级呈高度正相关，可以缓解茶的苦涩味。茶氨酸的味道类似于高档绿茶的鲜爽味，可制成茶氨酸产品[图8.2（c）]。

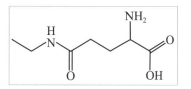

（a）茶氨酸化学结构式

（b）茶氨酸物理性状

（二）茶氨酸的健康功效

由于茶氨酸可以显著提高机体的免疫力，抵御病毒入侵，所以多喝茶可以预防感冒；茶氨酸具有抗疲劳效果，它可以延缓运动性的疲劳。研究推测，其作用机理与增加脑中多巴胺含量，抑制5-羟色胺合成、释放等有关。茶氨酸具有良好的神经保护作用。L-茶氨酸可以保护神经免受阿尔茨海默病等相关神经毒素的伤害，临床上可以预防该疾病，也有助于在神经发育期间加速神经生长因子神经递质合成，促进中枢神经系统成熟，有助于脑健康。茶氨酸具有镇静作用，可抗

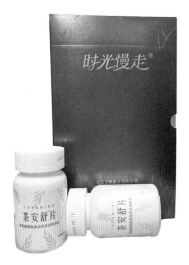

（c）茶氨酸产品

图8.2　茶氨酸

焦虑、抗抑郁，可以拮抗咖啡因引起的副作用。比如能够松弛神经，促进大脑中阿尔法脑波的增加，因此，茶氨酸具有精神放松的功效，也有人把茶氨酸叫作21世纪新的天然镇静剂。茶氨酸具有增强记忆、提高智力的效果，也可有效改善女性的经前综合征和经期综合征，具有增强肝脏排毒、减轻酒精引起的肝损伤的功

能。因此，现在利用茶氨酸可以开发的产品很多，比如可以开发缓解疲劳的、增强免疫力的、改善睡眠的、治疗抑郁症的、改善儿童多动症的、减轻更年期综合征的、预防和治疗阿尔茨海默病等的药品或者保健品。

（三）茶氨酸含量比较高的茶树品种

从茶树品种看，小叶种品种的茶氨酸含量比大叶种含量高。一些特殊的茶树品种中茶氨酸含量较高，比如白化的、黄化的品种，如浙江安吉的白叶一号（安吉白茶），浙江天台和缙云的黄茶等。一般绿茶中，茶氨酸含量是 1% ～ 4%，但在这些白化或者黄化的茶叶里，其茶氨酸含量可达 6% ～ 9%。从茶类角度看，白茶和绿茶中茶氨酸含量比其他茶类高一些。高山茶春茶的第一批嫩茶叶中，茶氨酸含量相对较高。因此，越好喝的绿茶中茶氨酸含量越高。

三、咖啡因与健康

咖啡因属于生物碱。茶叶中的生物碱有 10 多种，其中最重要的三种，即咖啡因、可可碱和茶叶碱，属于嘌呤类的生物碱。在这三类茶叶生物碱中，咖啡因的含量最高，占茶叶干重的 2% ～ 4%，可可碱约占 0.05%，茶叶碱含量最低，只占 0.002%。可见，茶叶中咖啡因的含量是茶叶碱含量的几千倍。咖啡因的化学结构名称为 1，3，7-三甲基黄嘌呤［图 8.3（a）］。茶叶碱的化学结构名称为 1，3- 二甲基黄嘌呤，可可碱为 3，7- 二甲基黄嘌呤。

咖啡因与健康（上）

咖啡因因最早在咖啡豆中被发现而得名。但咖啡因在茶叶中的含量（占干重的 2% ～ 4%）比在咖啡豆中的含量（占干重的 1% ～ 2%）还要高，甚至高出几倍。我们常说喝茶具有提神醒脑的作用，研究表明这一功能的主要作用成分就是咖啡因。

咖啡因是茶叶的特征性成分，是用来鉴别真假茶的关键。除了茶叶和咖啡豆以外，咖啡因在其他植物里含量很少，可可、冬青里有少量存在。

（一）咖啡因的理化性质

咖啡因是白色的，绢丝状结晶［图 8.3（b）］，易溶解于热水之中，也可溶解于酒精、丙酮、氯仿、乙酸乙酯等。有人喝茶感到苦味，就是因为咖啡因溶解到水里，并被味蕾捕捉到了。

咖啡因具有升华性质。其开始升华的温度为120℃，到180℃则大量升华。在茶叶加工过程中，会因受热而损失一部分咖啡因。如果用同样的原料制作红茶和绿茶，两者的成品茶里，红茶咖啡因的含量会高于绿茶。究其原因：第一，绿茶加工过程中的温度比红茶高，咖啡因通过升华损失的比红茶多；第二，红茶在加工过程中，其萎凋、发酵期间，有部分蛋白质分解成氨基酸，部分氨基酸又会合成少量的咖啡因。因此，用同样的原料做绿茶和红茶，红茶的咖啡因含量比绿茶高。从感官的角度讲，我们在喝茶的时候会觉得绿茶比红茶苦。要解释这个问题，还不得不提咖啡因的另外一个性质——络合或者缔合作用。泡一杯好的红茶，其汤色红艳明亮，但是，茶汤静置，随着温度降低，茶汤逐渐由清转浑，即冷后浑现象［图8.3（c）］。茶汤之所以出现冷后浑现象，是因为茶叶中的咖啡因与红茶中的茶黄素、茶红素络合形成沉淀，出现浑浊现象。然而，在出现冷后浑的茶汤里，再加热或者加入热水后，又呈现透明的可逆过程。绿茶咖啡因的络合作用较少，

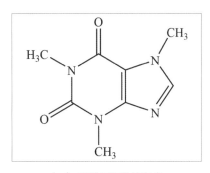

（a）　咖啡因化学结构式

（b）　咖啡因

（c）　冷后浑现象

图8.3　咖啡因及冷后浑现象

以游离状态为主存在于茶汤之中，而红茶中则络合状态较多，因此易导致感官上认为喝绿茶比喝红茶苦。相同的咖啡因含量，喝咖啡会比喝茶苦，主要原因是茶叶中还有其他的成分（如茶氨酸等）综合作用于味蕾，从而降低了茶中咖啡因的苦味和刺激作用。故有人把茶称作温和、标准的兴奋剂。

（二）咖啡因在茶树中的分布、变化情况

咖啡因广泛分布在茶树体内，但是它主要集中在叶部，茎、花、果中含量比较少，种子里基本上没有。越嫩的芽叶咖啡因含量越高，老叶中的咖啡因含量较

少，因此，咖啡因的含量是茶叶嫩度的标志。茶树新梢咖啡因的生成量与品种、气候、栽培条件有关。在不同的品种中，云南大叶种比一般品种的咖啡因含量高。在不同的季节里，夏茶中咖啡因的含量比春茶、秋茶高。在不同的栽培条件下，遮阴施肥（尤其是施氮肥）处理的茶叶中咖啡因含量比露天不施肥的含量高。

（三）咖啡因在人体内的代谢途径

咖啡因在茶树体内的分解代谢途径与其在人体内的分解代谢途径不同，生成的物质亦不相同。在茶树体内咖啡因脱甲基分解成黄嘌呤，然后经过氧化变成尿酸，在尿酸氧化酶的作用下进一步氧化成尿囊素，在尿囊素酶的作用下水解成尿囊酸，在尿囊酸酶的作用下水解成尿素和乙醛酸，最后尿素在尿酶的作用下水解成氨和二氧化碳（图 8.4）。这个分解过程主要发生在老叶中，因此，嫩叶里的咖啡因含量比老叶高。而在人体内，咖啡因最终分解到尿酸后便以甲基尿酸或者尿素的形式排出体外。

咖啡因与健康（下）

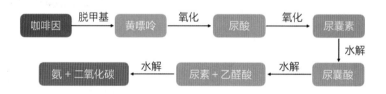

图 8.4　咖啡因在茶树体内的代谢途径

值得一提的是，在和人同属于灵长目中的猴子体内，其咖啡因的分解途径与在茶树体内代谢相同。猴子可以把尿酸分解成尿素，最终变成二氧化碳排出，所以猴子不会患痛风。但是，人类缺少分解尿酸的酶，如果尿酸积累得太多，并沉积在关节中，便容易患痛风。所以在很久之前，有学者把咖啡因在人体内的分解代谢途径当成人类进化而形成的缺陷病。但现代医学研究结果表明：如果人类跟猴子一样，可以分解尿酸，虽然不会痛风，但寿命大多不会超过 40 岁。可见，尿酸是利大于弊的，它是一种内源性的抗氧化剂，成为解除人体内外环境处产生有毒物质的第一道防线，使人类的寿命延长。

茶叶早期是寺庙中的饮料，对驱除睡意、提神醒脑具有一定的效果，有助于佛教徒在深夜打坐时保持较好的精神状态。也正因为此，多有"名寺出名茶"之说。而后佛教的传播，又推动了茶叶的普及，使茶叶成为一种广为人知的饮料。

茶叶的这种提神醒脑效果，主要起作用的成分就是咖啡因。咖啡因的第一个生理功能，是能够影响神经系统。它的提神性能非常强烈，但相对短暂。常有人下午、晚上喝茶会影响当晚的睡眠，但很少有人前一天喝茶，第二天还睡不好觉的。一般认为，咖啡因对神经系统的影响一般只有几个小时。第二个生理功能是强心作用。咖啡因能促进冠状动脉的扩张，增加心肌的收缩率及心血输出量，能够改善血液循环，加快心跳。第三个生理功能是利尿的作用。若一人喝同等量的茶和水之后衡量其排尿量，一般喝茶后的排尿量约为喝水时的 1.5 倍。排尿有助于排毒，对肝脏也能够起到一定的保护作用。同时，利尿作用还有利于结石的排出。第四个生理功能是能够影响内分泌。咖啡因能够影响葡萄糖的吸收利用，调节次生代谢，影响机体的内分泌。研究发现，其对 2 型糖尿病也有一定的缓解作用。第五个生理功能是能够抗过敏、抗炎症。咖啡因可抑制肥大细胞释放组胺等活性物质，对激发性或者迟发性的过敏反应非常有效。第六个生理功能是抗肥胖。咖啡因能促进体内脂肪燃烧，使其转化为能量，产生热量，以提高体温，促进排汗等。咖啡因还有一些其他生理功能，比如能够解热镇痛、杀菌消炎、促进消化液的分泌、促进食物的消化等。

四、茶多酚与健康

茶的特征性成分有以下几种：第一种是茶氨酸，滋味是鲜爽的；第二种是咖啡因，滋味是苦的；第三种是茶多酚，滋味是涩的。茶多酚是茶叶中多酚类物质的总称，是茶叶中非常重要的一类化学成分。它含量高，分布广，变化大，与茶树的生长发育、新陈代谢关系密

茶多酚与健康

切，对茶叶的品质影响最为显著，也是茶叶生物化学方向研究最广泛、最深入的一类物质。茶叶中的多酚类物质，是由儿茶素，黄酮类和黄酮醇类，花青素和花白素类，酚酸和缩酚酸类等所组成的复合体。

（一）茶多酚的种类

第一，黄烷醇类，也叫儿茶素类（图 8.5）。茶叶中的儿茶素类是茶多酚的主体成分，占多酚总量的 70% ～ 80%，占茶叶干重的 12% ～ 24%，是茶树次生代谢的重要成分，也是茶叶保健功能的首要成分。

第二，黄酮类，又称花黄素。一般在高山或热带植物的表皮细胞中含量较高，

R₁=R₂=H，儿茶素(catechin，简称C)
R₁=OH，R₂=H，没食子儿茶素(gallocatechin，简称 GC)
R₁=H，R₂=X，儿茶素没食子酸酯(catechin gallate，简称CG)
R₁=OH，R₂=X，没食子儿茶素没食子酸酯(gallocatechin gallate，简称GCG)

（a）儿茶素基本结构　　　　　　　（b）儿茶素样品

图 8.5　儿茶素

对于预防茶叶受到过多的紫外线伤害，保护内部组织有着重要意义。茶叶中的黄酮类被认为是绿茶汤色的重要组分。与茶叶相近或者相关的植物中，含有黄酮类较多的有银杏叶、苦丁茶等。

第三，花青素和花白素类。在强光高温和恶劣环境下，茶叶中的花青素含量较高，茶芽呈红紫色，这是茶叶抵抗不良环境或强紫外线伤害的一种适应性。如在夏季长时间高温、阳光比较猛的情况下，茶园里的绿色茶芽会逐渐变成紫色。所以，紫芽这类茶里的花青素含量会比较高（图 8.6）。

第四，酚酸类。有一种植物叫作金银花，一部分是黄色的，一部分是白色的，它里面有一种成分叫作绿原酸，是典型的酚酸类，茶叶中也含有该类物质。

茶氨酸和咖啡因是单体，不是混合物，而茶多酚是混合物，所以没有标准样。茶多酚的衍生物也叫作茶色素，有茶黄素、茶红素和茶褐素类，是茶多酚的氧化产物，在红茶中比较多见。

（二）茶多酚的理化性质

第一，茶多酚具有溶解性。茶多酚易溶于水，不易溶于氯仿和石油醚中。

第二，茶多酚具有稳定性。茶多酚在酸性干燥环境下比较稳定，在碱性潮湿的条件下非常不稳定。比如，没有把春天做好的绿茶放在低温条件下储存，到了秋天，茶叶就会变黄。在这种非低温条件下储存，茶多酚是不稳定的。如果把茶叶放在冰箱里，低温密闭干燥储存，一般放一年茶叶还是绿的。在这种条件下，茶多酚是稳定的。

第三，茶多酚具有氧化还原性。茶多酚有酚羟基，可以提供质子，是一种非

图 8.6　紫芽

图 8.7　茶黄素的 4 个主要单体

常好的天然抗氧化剂，对人体有保健作用。它不仅能够抗氧化，还能够氧化聚合。做红茶时会发现鲜叶颜色由绿色变成了红色，就是因为茶多酚氧化聚合把儿茶素单体变成了茶黄素（图 8.7）、茶红素，甚至是茶褐素。

第四，茶多酚能结合蛋白质。茶多酚可以跟病毒、细菌的主要组成蛋白质结合，形成沉淀，从而达到杀菌、抗病毒的效果。茶叶中的茶多酚与口腔黏膜蛋白结合形成一种薄膜，就会让口腔产生涩味。如果茶多酚含量很高，膜很厚，这杯茶就会很涩；如果这杯茶的茶多酚含量很低，不能形成膜，那么这杯茶就会淡而无味。最好的感觉就是茶多酚含量适中，与口腔黏膜形成一个单分子层或者双分子层，这样刚开始会感觉有点涩味，后面就会觉得有点回甘。所以喝茶回甘的原理也是与茶多酚与蛋白质的结合有关。

第五，茶多酚具有酸性，所以儿茶素也叫儿茶酸。因此，茶汤一般呈弱酸性，pH 大概在 5.5 ～ 6。有个常见的误区是，用 pH 试纸检测茶水是酸性的，就把茶叫作酸性食品，但是茶叶是碱性食品。酸性食品和碱性食品的区别是其代谢终产物是酸性还是碱性，而非其本身的酸碱性。根据代谢产物来看，茶叶是碱性食品。

第六，茶多酚具有还原性。它可以与金属反应，可以把毒性强的金属离子还原成为毒性较弱的离子，所以它有一定的解毒作用。比如把六价的铬还原成三价，二价的铜还原成一价，三价的铁还原成二价。茶多酚也能与金属离子结合，用于回收重金属，因此可以利用茶灰来净化水。茶多酚还可以与金属离子发生呈色反应，比如与铁离子反应，能够生成蓝黑色的络合物，我们可以利用这个化学性质来测定茶叶中茶多酚的含量。

五、以化学视角看六大茶类

我国的茶类依照初制技术和发酵程度不同，可分为绿茶、红茶、乌龙茶、白茶、黄茶和黑茶六大茶类。各茶类因加工工艺的差异，其茶鲜叶会发生不同程度的酶促或非酶促氧化反应，产生不同的化学物质，从而形成了不同的风格品质特征。

■ 以化学视角
看六大茶类

图 8.8　陈椽教授

六大茶类，从表面上看是根据干茶色泽分的，例如绿茶色泽以绿色为主，红茶是以红色为主调，黄茶是黄色的，黑茶有些黑，白茶则是"绿妆素裹"比较淡，乌龙茶色泽青绿。从化学的视角看，六大茶类是以加工工艺中茶多酚的氧化程度进行排序，以酶学为基础进行分类的。该分类系统由安徽农业大学陈椽教授（图 8.8）提出并创立。

茶叶中的茶多酚，主要是儿茶素，可分成两大类，一类是简单儿茶素，另一类是酯型儿茶素。茶叶细胞中有茶多酚和多酚氧化酶，正常情况下两者由细胞膜隔开，不会接触发生反应。但在冬天，如江浙一带，当温度低至 $-10℃$ 及以下，并持续一段时间后，茶树叶子就会被冻伤而呈现红色。这是低温引起鲜叶的细胞膜被破坏，多酚氧化酶与茶多酚接触，进而发生催化反应。茶多酚被氧化成茶黄素、茶红素、茶褐素等，于是叶子就变红了。这个原理与红茶制作过程发生的氧化反应类似。红茶加工过程中，充分利用多酚氧化酶的活性促进茶多酚的氧化，形成了红汤红叶的特质，所以红茶又叫作全发酵茶。而绿茶的加工须先通过高温杀青，破坏多酚氧化酶的活性，使茶多酚不被氧化，形成了清汤绿叶的品质特征，所以绿茶又叫作不发酵茶。

乌龙茶介于红茶与绿茶之间，属半发酵茶。典型代表为铁观音，即呈现绿叶红镶边的特征。

黑茶要经过杀青、摊放、渥堆等工序，使茶多酚进行非酶促的自动氧化，从而形成黑茶的品质特征，黑茶也可以称为后发酵茶。

黄茶有"闷黄"的工序，使其具有黄汤黄叶的品质特征，因此，黄茶可以称为轻发酵茶。

白茶是将芽叶摘下来后，摊放萎凋风干，形成了白毫披身的品质特征，属于微发酵茶。

设想一下，一堆绿茶末放在低温、干燥、密封的条件下长达一年之久，能不能再把其做成红茶，即绿改红呢？答案是可以的。我们知道绿茶的工艺中没有发酵，茶多酚还保持着原状，要做成红茶需要多酚氧化酶。但是，在成品绿茶里，多酚氧化酶已被杀青灭活。于是，我们只能借助外力，再采一批新鲜的叶子，把它们打成浆，放到绿茶里重新发酵即可。因此，绿改红是可以的。但是，反过来红改绿是不可行的，因为红茶中的茶多酚已经被氧化，无法逆转。

好的茶叶除了品种好之外，生态环境也非常重要，即环境因子对茶叶品质具有一定的影响。所有的农作物，包括茶叶，相关的环境因子主要有五个方面："温、光、水、气、土"——温度、光照、水分、气候和土壤。茶树适宜的生长环境，概括起来有"四个喜、四个怕"，即喜欢光照、喜欢温度、喜欢湿润、喜欢酸性土壤，怕冷、怕晒、怕碱、怕涝。一般来说，温度、光照与茶多酚的含量成正比，与氨基酸的含量成反比。温度越高，光照越强，茶多酚含量越高；温度越低，光照越弱，氨基酸含量越高。这个现象可以解释以下五个问题。

第一，不同纬度茶的味道不同。茶叶生产有个自然规律叫作"南红北绿"，从云南、海南、广东、福建到浙江、江苏、安徽，南方的红茶、普洱茶普遍较好，而北方的绿茶则更为出色。这是因为南方温度相对较高，光照相对较强，茶多酚含量也相对较高，做成绿茶，口感上会比较涩。但做红茶、普洱茶，丰富的茶多酚转化成茶黄素、茶红素，有助于红茶与普洱茶品质的提升。北方由于光照相对较少，温度相对较低，氨基酸含量也相对较高，滋味上比较鲜爽，因此更适合做绿茶。

第二，对于绿茶的制作而言，往往只做春茶，不做夏秋茶，这主要是因为夏、秋季温度高，光照强，茶鲜叶中茶多酚含量高，涩味明显。

第三，高山出好茶。海拔每升高100m，温度下降0.6℃，升高1000m温度会相差6℃。因此，高山上的茶园温度相对较低，在海拔500～1000m的区域，例如江南的茶区，刚好处于云雾层，太阳光照到茶园里，以散射光、漫射光为主，使得茶叶中茶多酚含量相对减少，氨基酸含量相对增加，鲜爽度亦增加。

第四，茶园里适当种些树。如果整个茶山从山头到山脚，都是茶树，没有其他植物，那么，茶可能不是最好喝的。好茶的茶园生态环境一定非常好，间种很多种类的树，其作用一是增加生物多样性；二是有一定的遮阴效果，茶的品质会比较好。

第五，抹茶最关键的技术是覆盖技术。品质上乘的抹茶要求口感鲜爽，而不能苦涩。所以，在芽长出来的半个多月里，茶叶上面需要盖一层黑的滤网，避免阳光直射，从而减少茶多酚的生成，增加氨基酸的含量。

第二节 万病之药: 饮茶与健康

一、"茶为万病之药"的历史回顾

茶叶在我国最早是作为药物使用的, 故也叫作茶药。三国时的名医华佗有"苦茶久食, 益意思"之说。唐代医学家陈藏器, 在《本草拾遗》中指出:"诸药为各病之药, 茶为万病之药。"唐代陆羽在《茶经》中写道:"茶之为用, 味至寒, 为饮最宜。精行俭德之人, 若热渴、凝闷, 脑疼、目涩, 四肢烦、百节不舒, 聊四五啜, 与醍醐、甘露抗衡也。"从这些文献里可以看出, 唐代以前人们就认识到了茶在健康方面的不少功效。

"茶为万病之药"的历史回顾

唐代刘贞德称茶有十德: 以茶散闷气, 以茶驱腥气, 以茶养生气, 以茶除病气, 以茶利礼仁, 以茶表敬德, 以茶尝滋味, 以茶养身体, 以茶可雅心, 以茶可行道。在宋代以后, 文人对茶的研究愈为深入。例如, 宋代苏轼在《茶说》中说:"浓茶漱口, 既去烦腻而脾胃不知, 且苦能坚齿, 消蠹。"宋代吴淑在《茶赋》中说:"夫其涤烦疗渴, 换骨轻身, 茶荈之利, 其功若神。"明代医学家李时珍在《本草纲目》中说:"茶苦而寒……最能降火, 火为百病, 火降则上清矣!……温饮则火因寒气而下降, 热饮则茶借火气而升散, 又兼解酒食之毒, 使人神思暗爽, 不昏不睡, 此茶之功也。"

日本种茶鼻祖, 即"茶禅一味"的提出者荣西禅师在他的《吃茶养生记》中记载:"茶者, 养生之仙药也, 延龄之妙术也。山谷生之, 其地神灵也。人伦采之, 其人长命也。"在日本建保二年(1215年), 荣西禅师献上二月茶, 治愈了源实朝将军的热病。从此以后, 日本饮茶风气更盛。茶在17世纪传到欧洲, 先是传到荷兰, 在1657年传到伦敦。当时茶是放在药房而不是放在食品店里出售的, 所以主要作为药用。浙江大学校友、浙江中医药大学教授林乾良于20世纪80年代查阅了500多种文献, 引用了历代典籍92种, 其中茶书11种, 药书28种, 医书23

种，经史子集 30 种，将茶的传统功效归纳为以下 24 项：少睡，安神，明目，清头目，止渴生津，清热，消暑，解毒，消食，醒酒，去油腻，下气，利水，通便，治痢，去痰，祛风解表，坚齿，治心痛，疗疮治瘘，疗饥，益气力，延年益寿，以及其他功效。

茶与健康的研究在 20 世纪 80 年代再次出现高潮。日本科学家富田勋在 1987 年提出茶多酚具有抑制人体癌细胞活性的作用，引起了大量关注，自此以后，茶与现代科学的结合越来越密切。中外营养学家评出的十大健康食品里面，有三个榜单都提到了茶。第一个榜单是 2003 年中国《大众医学》杂志组织国内权威营养学家评出十大健康食品，顺序为：①大豆（豆浆、豆奶等）；②牛奶、酸奶；③番茄；④绿茶；⑤荞麦；⑥十字花科蔬菜；⑦海鱼；⑧黑木耳等菌菇类；⑨胡萝卜；⑩禽蛋蛋白。第二个榜单是 2002 年美国《时代》杂志推荐的十大健康食品，分别是番茄、菠菜、红酒、果仁、西兰花、燕麦、三文鱼、大蒜、绿茶、蓝莓。第三个榜单是 2007 年德国著名杂志《焦点》组织专家评出的十大健康长寿食品，分别是苹果、鱼、大蒜、草莓、胡萝卜、辣椒、香蕉、绿茶、大豆、牛奶。榜单同时解释说明绿茶有神奇功效，其生物活性物质能够防止动脉粥样硬化和前列腺癌，对减肥也大有帮助。

从 20 世纪 90 年代以来，茶与健康的关系受到科学界的广泛关注。特别是在四个学科领域已形成深厚的积累：①减少有害物质在体内积累，相当于排毒的功效；②预防癌症，至少已获得预防十多类癌症的证据；③预防代谢性疾病，如糖尿病、高脂血症、肥胖等；④预防神经退行性疾病。如今，饮茶有益于健康已为全球公认，也吸引了越来越多的科学家围绕其作用机理展开深入研究。

二、茶抗氧化和延缓衰老作用的研究

对"茶为万病之药"认知的基础源于茶中含有丰富的功效成分。在茶的成分一节中也提到茶叶中有 700 多种成分，其中茶多酚、咖啡因、茶氨酸等各有功效，而且这些功能性成分同时存在于茶叶中又能起到协同增效的效果，如同一剂配伍完善的中药。因此，也有人把茶树比作一个合成这些珍稀化合物的天然工厂。功能性成分是"茶为万病之药"的物质基础。要充分解释"茶为万病之药"，需要从自由基生物学（也叫自由基病理学，或自由基药理学）的角度去理解，其为茶的功效提供了理论依据。

茶抗氧化和
延缓衰老作用
的研究

自由基也叫游离基，是指游离存在的，具有一个或几个不成对电子的分子、离子、原子或者原子团。机体内的自由基通常以氧或者氮的形式存在，因此也称为氧自由基，或者氮自由基。自由基主要是由化学反应中共价键的断裂而引起的。共价键断裂有两种：一种是异裂形成离子，另一种为均裂后成为具有不成对电子的自由基。自由基的性质非常活跃，容易和各种物质发生自由基反应。在光、热、高能射线、呼吸过程中电子供应不足、疾病创伤、环境污染、紫外线、化学药物、吸烟等条件下都能导致机体内产生的自由基代谢失衡。体内存在着抗氧化系统，包括抗氧化酶类和抗氧化剂，正常情况下可以将多余的自由基去掉，让自由基维持在一定的水平，因此不会诱发相关疾病。但随着年龄的增长或在其他外因的影响下，身体细胞功能会逐渐衰退，抗氧化能力会逐渐减弱，自由基则会积累得越来越多。过量的自由基会对机体造成伤害，主要表现在以下几个方面。

　　第一，自由基会损伤蛋白质。自由基会使蛋白质失去生理功能，直接导致细胞死亡。第二，自由基会损伤核苷酸。受到损伤的脱氧核糖核酸（DNA）将发出错误的信息，使整个细胞发生代谢紊乱。第三，自由基会损伤生物膜，使其发生脂质过氧化（图8.9）。第

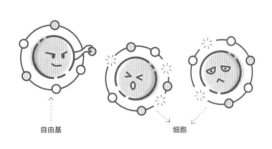

图8.9　自由基对细胞的损伤

四，自由基可直接导致细胞的凋亡。第五，自由基对内脏器官具有一定的影响。它可引起多种器官功能异常或者组织病变。第六，自由基会破坏机体的免疫系统功能。比如，导致淋巴细胞、K细胞、NK细胞的减少，从而使免疫功能降低。第七，自由基的积累与肿瘤的形成有一定的关系。自由基能够引起自然物质在人体内的扩展和连锁反应，攻击DNA，造成多种形式的损伤。自由基是人体正常代谢的产物，积累过多会对机体造成伤害。所以有人认为，自由基是万病之源，过多自由基会引起机体遗传信息传递或者DNA的改变，脂质和蛋白质受损，导致生理异常，引发一系列的疾病。比如，可能引发癌症、心脑血管疾病、炎症、老年斑、皱纹、白内障、糖尿病以及阿尔茨海默病、帕金森病等神经退行性疾病。这就是自由基病理学。因此，我们只要能够找到清除自由基的物质，就能在很大程度上预防疾病。

从化学结构的角度来看，能够提供质子的物质都能清除自由基。维生素类里面有一些能够提供质子的物质，因此很多人会补充一些维生素类，比如维生素 C、维生素 E，其目的就是通过维生素来清除自由基，从而达到保健的功效。

茶叶功能性成分茶多酚类中的儿茶素含有很多羟基，它也可清除自由基。浙江大学杨贤强教授——中国的"茶多酚之父"，在 20 世纪 90 年代就证明了茶叶中的儿茶素对超氧自由基具有清除作用，并且儿茶素的中间单体的各种组合都能起到协同增效的效果。茶多酚清除自由基主要通过以下四个途径：第一，抑制氧化酶；第二，与诱导氧化的过渡金属离子络合；第三，直接清除自由基；第四，对抗氧化体系的激活，也就是激活机体内自由基的清除体系。

茶叶具有非常强的自由基清除能力，主要是因为其中富含多酚类物质，而多酚类物质中有很多羟基，可以跟自由基结合。从某种意义上讲，茶多酚类跟体内的自由基结合，牺牲了自己，保护了人体免受自由基的攻击。茶多酚还可以通过抑制氧化酶的活性，与诱导氧化的过渡金属离子络合，达到清除自由基的作用。基于卓越的抗氧化和清除自由基的能力，茶多酚也被认为是茶叶中最重要、最精华、对人体最有用的物质成分之一。有科学家用绿茶、红茶的抗氧化性与我们平常吃的大蒜、洋葱、玉米、橄榄和菠菜等几十种蔬菜、水果进行比较，发现绿茶、红茶的抗氧化性远高于其他物质，也就是说绿茶、红茶清除自由基的能力比常规的一些蔬菜、水果都高。

国内相关研究就不同抗氧化性的食物每天需要吃多少才能起到日常保健作用进行了报道：每天吃 5 个洋葱，或 4 个苹果，或喝 1.5 瓶红葡萄酒，或 12 瓶白葡萄酒，或 12 瓶啤酒，或 1L 多的橙汁，方能防止多余自由基对身体造成的伤害。而对于茶来说，每天仅需要喝两杯 300mL 的茶就能达到相当的抗氧化效果，这也从另外一个角度说明茶叶的抗氧化效果在日常食品中是十分突出的。

总体而言，茶叶中的功能性成分具有较强的清除自由基功能，是"茶为万病之药"的重要功能基础。

三、茶的防辐射作用

茶的保健功效之一是具有防辐射作用，关于这一点有两个小故事，第一个故事是一封大师的来信，第二个故事是抢盐风波和喝茶。

2011 年 4 月，浙江大学农学院茶学系师生收到了一封特殊的来

茶叶防辐射作用

信，这封信的内容是：

　　在日本东部地区遭受特大地震灾害之际，贵单位（浙江大学农学院茶学系）雪中送炭，及时为我馆赠送了大批物资，使我们深切感受到祖国人民的一片深情厚谊。在此谨表衷心感谢和崇高敬意。

中华人民共和国驻日本国特命全权大使——程永华

　　为什么会收到一封程大使的来信，浙江大学农学院茶学系到底赠送了什么物资呢？原来，在 2011 年 3 月 11 日下午，日本东部地区发生了里氏 9.0 级的强烈地震，并引发大规模海啸，造成了巨大的人员伤亡和财产损失。受大地震的影响，日本福岛核电站发生放射性物质泄漏，并发生核爆炸，造成辐射外泄和严重的核污染，情况极其严峻。中国驻日本大使馆全体工作人员在巨灾面前镇定自若，临危不乱，章法严明，做了大量卓有成效的工作。浙江大学农学院茶学系为了表达对中国驻日本大使馆全体工作人员的敬意和慰问，写了慰问信，并捐赠了自主研发的具有抗辐射作用的茶多酚产品，希望能减轻核泄漏事故对中国驻日本大使馆工作人员身体的损伤。

　　第二个小故事是发生在 2011 年 3 月 25 日，《浙江日报》登了一则小报道，题为"抢盐不如喝杯茶"。为什么登这个报道？因为 2011 年 3 月日本发生地震、海啸以后，很多中国人也很恐慌，商店里的盐都被抢光了。实际上，经过中国茶叶界多年的研究，验证了茶叶里的茶多酚具有抗辐射的作用。大家每天喝两杯茶，也就是 6g 干茶，其抗辐射效果就相当于两斤碘盐了。

　　茶叶抗辐射的应用也有几个典型的事例。

　　第一个事例，二战末期日本广岛地区遭受原子弹袭击后，存活下来的日本居民中，凡是饮用茶叶量比较多的人，他的体质状况、白细胞指标和寿命都比不喝茶的人或者少饮茶的人要好和长。因此从那时开始，日本就把茶称为原子时代的饮料。

　　第二个事例，发生在 20 世纪 70 年代初，很多放射科医生会掉头发，身体较易受到损伤，不能每天坚持工作。但是调查发现，有喝茶习惯的放射科医生往往更能坚持工作较长时间。所以那时，浙江大学医学院，即原浙江医科大学，组织了茶学、医学人员联合攻关，研制出了以茶叶提取物为主要原料的代号为"7369"的抗放升白片。"73"就是 1973 年，"69"是项目的编号是 69 号。医务人员如果吃了抗放升白片，就能抗放射线，体内的白细胞也会增加。

第三个事例，长期以来茶叶是核工业领域以及防守性工作领域相关从业人员的必需品。发福利的时候，这些单位一定会发茶叶。

第四个事例，很多临床研究也证明了，癌症患者在进行放化疗时，普遍会出现掉头发、恶心呕吐、白细胞下降和免疫力下降等现象，甚至无法完成全部的放化疗的疗程。但是如果同时服用茶叶提取物，比如茶多酚、儿茶素胶囊或者茶多酚片甚至喝浓茶，可以防止白细胞下降，有效率达 90% 以上，掉头发的症状会明显减轻。所以茶叶可以减轻放射治疗的副作用，提高放疗效果。

第五个事例，动物实验也证明服用茶多酚、儿茶素的实验大鼠，经辐照处理以后，大部分能够存活下来；没有服用儿茶素或者茶多酚的对照大鼠，经辐照处理后基本上会死亡。

上述几个例子就证明茶具有抗辐射作用。

学习茶，不仅要了解茶的功能，还要了解茶的作用机理。通过上面的事例可知，茶具有良好的抗辐射效果。而贡献该效果的主要成分就是茶多酚。茶多酚的结构中有很多酚羟基，能够提供质子，通过提供的质子来清除由辐射产生的自由基，避免生物大分子的损伤，从而起到防护作用。茶多酚还可以通过增强预防辐射相关的酶的活性，减轻免疫细胞的损伤，或促进受损伤免疫细胞的恢复等来增强机体对辐射的防护作用。机体受辐射后，造血干细胞及骨髓有核细胞的分裂都会受到影响，而茶多酚可改善造血功能，尤其是对辐射损伤的白细胞有明显的修复作用。综上所述，茶多酚不仅具有抗辐射损伤的作用，而且对受辐射损伤后的机体有修复作用。

另外，电离辐射会导致肝部铁、锌、铜等微量元素代谢发生改变。研究证实，饮用绿茶可以使这些微量元素接近正常值。这表明茶叶对手机等电离辐射损伤也具有保护作用。日本有儿茶素抗辐射贴的产品，就是把儿茶素加到手机抗辐射贴膜里，增强了手机贴膜的抗辐射效果。

除了茶多酚以外，茶叶中的其他成分也有很好的抗辐射效果。比如，茶叶是人类食物中含锰元素最丰富的品类，锰元素的含量是其他食物的几倍甚至几百倍。另外，茶叶中还富含低分子量嘌呤碱：咖啡因、茶碱、可可碱，茶氨酸都有一定的抗辐射效果。多糖、黄酮类、皂苷类、类胡萝卜素类，在茶叶中含量也很高，也有很好的抗辐射效果。

茶叶中的茶多酚等成分在人体与辐射中间充当了抗辐射防护墙的功能。日常生活中，我们会受到紫外线等的辐射，多喝茶、补充茶多酚类物质，可以有效降低辐射对人体造成的损伤。可以说，茶叶是自然界赋予人类最有效的天然抗辐射剂。

四、茶能延年益寿

饮茶可以养生，茶具有延缓衰老、延长寿命的功能。

茶界普遍存在多寿星现象。我们关注到中国茶叶科技界的奠基人，包括浙江大学、安徽农业大学、湖南农业大学、福建农林大学等学校中从事茶叶学研究的老教授们大都长寿。

吴觉农是我国著名的农学家、农业经济学家、社会活动家，被尊为当代茶圣，为中国茶叶事业做出了卓越的贡献，享年92岁。庄晚芳是中国著名的茶学家、茶学教育家，也是茶叶栽培专家，他提出"廉、美、和、敬"的茶的精神，享年89岁。安徽农业大学的两位著名的教授，一位是陈椽，他是我国著名的制茶学专家，首次提出六大茶的分类，享年91岁；另外一位是王泽农，他是中国茶学生化方面的专家，享年92岁。湖南农业大学的两位著名教授，一位是陈兴琰，另一位是陆松侯，分别活到了91岁和92岁。还有中国农科院茶叶研究所的阮宇成，活到了90岁。在福建，著名的茶学家、制茶和审评专家张天福，活到了108岁。其他比如杭州茶叶试验场的申屠杰活到了98岁，浙江省茶叶公司的陈光山活到了99岁。因此，茶界多寿星是一个普遍现象（图8.10）。

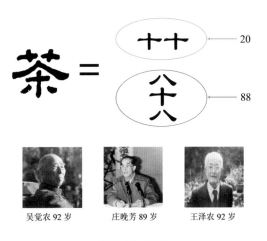

图8.10　茶寿

另外，中国的汉字颇为有趣，把茶字笔画拆解开来，上面草字头是两个十，加起来是二十，下面是八十八，两者相加为茶寿一百零八。所以，茶叶界的人常恭喜或者祝福别人"年逾茶寿"，是希望其能超过 108 岁的意思。2010 年上海世博会期间，评出了 30 个茶寿星，称为世博茶寿星。他们均为从事茶行业，或者爱茶、饮茶，又长寿的人。联合国副秘书长在联合国馆内亲自为这 30 名中国茶寿星颁奖。

在探索百岁寿星们长寿之谜的过程中，研究者发现，许多百岁寿星对饮茶情有独钟。上海最年长的老寿星，晚清最后一名秀才苏局仙，他生活中坚持的一大习惯就是饮茶。他活到 110 岁，临终前 20 天为《当代诗人咏茶》专集题写了咏茶绝句。著名数学家、上海市茶叶学会顾问、复旦大学的苏步青教授活到了 101 岁。他每天早饭以后一定要喝茶，这是他的健康长寿之道。中国民主同盟会会员、著名生物学家陈纳逊在步入老年之后，每天坚持喝五杯左右的绿茶，活到了 104 岁。1994 年，上海市获得寿星夫妇桂冠的袁敦梓、王惠琴夫妇，当时均已 104 岁，他们的长寿之道也是每天喝茶，一般每天上午 10 点和下午 3 点都要饮茶。中国国际茶文化研究会首任会长王家扬，活到了 102 岁。韩国陆羽茶经研究会会长崔圭用在日常生活中嗜茶如命，他活到了 100 岁。日本的理千家千玄室大宗匠先生，在其 97 岁时，还能够前往世界各地考察讲学。

欧美国家曾发布一个寿命公式，列了 20 条可能影响人类寿命的相关公式，其中第八条：如果每天喝一杯茶，寿命可以多加半岁。像我们中国人，如果每天喝五杯、十杯，是不是就有可能多活两岁到五岁？很多学者也做了相关的动物实验，均证明茶的成分可以使动物的寿命延长。比如，学者在果蝇实验中发现，在饲料里拌入儿茶素，果蝇的寿命会延长好几天。一般果蝇的寿命，雄性是 40 天，雌性是 46 天。如果在饲料中拌入儿茶素，雄性果蝇平均可以活到 45 天，雌性果蝇平均可以活到 56 天。实验证明，茶可以让果蝇的寿命增加 5 ～ 10 天。科学家告诉我们，果蝇的长寿基因跟人类存在着某种对等关系。我们可以简单地理解为：茶的成分，如果能让果蝇增加一天的寿命，那么就有可能让人类多活一年。除了果蝇实验之外，学者也做了家蝇的寿命实验。茶多酚家蝇组的平均寿命相比于对照组，延长了 36.1% ～ 49.9%，并可明显提高家蝇脑内 SOD 超氧化物歧化酶的活性，降低脂褐素的含量。作为延缓衰老药物使用的维生素 E 可抑制脂质过氧化，但其效果只有 4%，而绿茶的作用可以高达 74%，也就是说，绿茶延缓衰老的效果远超维生素 E。

另外，喝茶可以促进家庭和睦，社会和谐。据初步统计，饮茶风气比较浓厚的地方，家庭会更和谐一些，离婚率相对会低一点。当然这不是科学论证，但也有一定的统计学意义。

从茶界多寿星的现象和相关动物实验，我们可以发现，喝茶有助于延缓衰老，延长寿命。

五、茶对心血管疾病的影响

当今世界心血管疾病是危害人类生命健康最严重的疾病之一，患病率和死亡率均居各类疾病之首。到目前为止，关于茶叶及其有效成分防治心血管疾病的相关研究已经获得了令人信服的结果。大量流行病学研究和动物临床实验结果表明，饮茶或者服用茶叶中的功效成分，对人体心血管健康具有保护作用，能够预防心血管疾病的发生。

茶对心血管疾病的影响

（一）茶叶预防心血管疾病的流行病学研究

大量流行病学研究表明，饮茶能够降低心血管疾病的发病风险，每天饮茶可以预防或推迟心血管疾病的发生。大量研究表明，饮用红茶、绿茶对保持心血管健康有利。当然，这些结果可能与人们的生活方式、饮食特征等密切相关。在流行病学研究方面，针对饮茶与心血管健康的关系，中国、日本等亚洲国家对饮用绿茶的流行病学观察结果，和美国、英国等西方国家对饮用红茶的流行病学观察结果都表明，喝茶能够保护心血管健康。据在荷兰进行的流行病学调查结果，饮茶多的人群患冠心病的风险可降低 45%。2010 年，在荷兰对 37514 名患者进行了连续 13 年的观察研究后，发现每天饮用红茶 3～6 杯者，死亡率显著降低。

（二）茶叶预防心血管疾病的临床医学研究

近年来，国内外多位学者对茶叶以及茶叶有效成分的临床效果做了不少的实验研究和临床观察，并且已经取得一些成绩。日本学者观察了 240 位脂肪型肥胖患者发现，摄入儿茶素可以降低体重指数（BMI）、脂肪率，减少脂肪量，减小腰围、臀围、内脏脂肪面积等。长期摄入儿茶素含量较高的绿茶提取物，有助于减少肥胖和降低心血管疾病的风险。日本的另一项研究将 47 位高脂血症患者作为实验对象，用普洱茶提取物作为研究材料。研究发现，普洱茶提取物可以降低实验对象血液中总胆固醇和低密度脂蛋白的含量，降低实验对象的平均体重和甘油三酯的水平。英国的一项研究招募了 88 位超重或者肥胖男性服用儿茶素 EGCG（表没食子儿茶素没食子酸酯）。在一定时间后发现，儿茶素 EGCG 可降低舒张压，而且对人的情绪有积极的影响。美国招募了 111 位健康成年人，让他们服用茶产品的胶囊。实验发现，茶产品胶囊可以降血压，对心血管健康有利。其他国家，比如毛里求斯也都做了很多相关实验，皆证明茶的成分可以降血脂，预防心脑血管疾病，据此也生产了一些相关的保健产品。

（三）茶叶预防心血管疾病的作用机制

茶叶预防心血管疾病的机制主要有下面几个方面：第一，降血压；第二，降血脂；第三，调节糖代谢的紊乱；第四，抑制血小板的凝聚；第五，调节和改善血管内皮功能；第六，保护心肌；第七，抑制低密度脂蛋白氧化修饰；第八，抑制血管平滑肌细胞增殖；第九，抑制血管内皮细胞的损伤；第十，抑制诱导型一氧化氮酶的表达；第十一，抑制白细胞黏附。

综上所述，茶叶对心血管健康非常有利。因此，平时多喝些茶，可以让我们的心血管更加健康。

六、茶对糖尿病的防治作用

随着时代的发展，人们的饮食结构也发生了重大的改变，随之而来的是众多"富贵病"发生的概率迅速上升，糖尿病就是其中的一种。它是继肿瘤、心血管疾病之后的第三大严重威胁人类健康的慢性非传染性疾病。目前，全球糖尿病患者上亿，国内外早有关于茶叶预防或者治疗糖尿病的报道，在中国民间也有用茶疗法来防治糖尿病的传

■茶对糖尿病的防治作用

统。从 20 世纪 80 年代开始，国内外的研究者对茶叶的降血糖作用进行了大量报道。从动物实验结果来看，大多数研究者认为无论是红茶、绿茶还是乌龙茶，它们的浸提液都具有一定的降血糖效果，并认为茶多糖和茶多酚可能是茶叶浸提液中主要的降血糖成分。

（一）茶多糖和糖尿病的关系

实验中发现，在不同浓度的茶叶中，粗老茶的降血糖效果最好，即老茶叶比嫩茶叶的降血糖效果更好，也印证了民间用冷水泡粗老茶治疗糖尿病的方法是有一定道理的。在不同季节的茶叶中，秋茶降血糖的效果比春茶、夏茶好。分析表

明，秋茶或者粗老茶里含有较多的茶多糖。很多研究表明，茶多糖是粗老茶治疗糖尿病的主要药理成分。随着人们对茶叶功能了解的逐渐深入，研究茶多糖降血糖作用的报道也越来越多。相关研究者认为，茶多糖的作用机制可能是减弱四氧嘧啶对胰岛β细胞的损伤，以及改善受损伤的胰岛β细胞功能，实验中通过茶多糖改善糖尿病小鼠的耐糖量，进而缓解糖尿病小鼠的相关症状。茶多糖的降血糖机制，还可能是因为它具有提高肝脏抗氧化能力、增强肝葡萄糖激酶活性的作用。不同茶类，如绿茶、乌龙茶、红茶、白茶等的多糖对糖尿病小鼠都有显著的降血糖效果。其中，绿茶的茶多糖降血糖效果有明显的量效关系，即茶多糖含量越高，降血糖的效果也越好。同时，茶多糖能明显缓解"三多一少"症状，降低空腹血糖，且实验小鼠的血糖值与饮水量之间存在明显的正相关性、与体重之间存在负相关性，最终也得出类似的结论：茶多糖有降血糖、改善糖尿病症状的作用。

（二）茶多酚和糖尿病的关系

目前研究表明，茶多酚在防治糖尿病方面的功效也很大，它能够减少脂质过氧化，改善糖尿病患者体内脂肪代谢的异常，对糖尿病有一定的治疗效果。茶多酚在大剂量时能够降低空腹血糖和餐后血糖，但不能使之降为正常值。茶多酚也可以降低糖尿病小鼠口服蔗糖和淀粉后血糖的升高值，从而改善其糖耐量，稳定血糖。因此，研究普遍认为，茶多酚有一定的降血糖作用。目前，关于茶多酚能够降血糖的机理研究非常明确，主要集中在以下五个方面：①提高胰岛素的活性；②抑制小肠内葡萄糖运转载体的活性；③抑制相关酶类的活性；④减少胰岛β细胞的氧化损伤；⑤下调控制葡萄糖异生作用基因的表达。

（三）茶色素和糖尿病的关系

红茶中提取出的茶色素主要包括茶黄素、茶红素和茶褐素等水溶性色素，它们是茶多酚的衍生物，也是多元酚的物质，可以通过抗炎、抗变态反应来改变血液流变性，有效降低血糖、血脂，缓解微循环障碍，具有抗氧化、清除自由基等作用，使糖尿病患者的主要症状得到明显改善，也可以降低空腹血糖值、β-脂蛋白含量，降低尿蛋白，改善肾功能。茶色素还能改善患者血糖控制的状况，降低全血黏度、血浆黏度和纤维蛋白原，降低血小板黏附力和聚集力。目前，已利用茶色素作为原料开发茶色素胶囊等相关药物，并应用到糖尿病的辅助治疗中，尤其是对伴有微循环障碍的2型糖尿病患者具有辅助治疗的作用。

（四）其他成分与糖尿病的关系

茶叶对糖尿病的预防和治疗作用，是多种成分综合作用的结果。除了上文提及的茶多糖、茶多酚和茶色素以外，其他成分也有一定的降血糖效果，比如，维生素 C 能够保持血管的正常坚硬性、通透性，因而使本来微血管比较脆弱的糖尿病患者通过饮茶补充维生素 C 来恢复其正常功能，对治疗糖尿病有利。茶汤中还含有防治糖代谢障碍的成分，如茶叶芳香物质中的水杨酸甲脂能提高肝脏中肝糖原的含量，减少糖异生，增加葡萄糖的利用率，减少血糖含量进而减轻动物糖尿病的病症。维生素 B_1 是辅羧酶的构成物质，可作为辅酶促进糖分代谢，并形成 $\alpha-B_1$ 酮酸，脱羧生成二氧化碳。饮茶即可补充维生素 B_1，对防治糖代谢障碍有利。茶叶中的泛酸在生物体内的代谢功能形式为辅酶 A，它在糖类、蛋白质、脂肪代谢中起到了重要的作用。此外，茶叶中所含的 6，8- 二硫辛酸，也是辅羧酶的构成物质，可与维生素 B_1 结合，生成辅羧酶，对防治糖代谢障碍有疗效。

综上所述，喝茶，尤其是喝比较粗老的茶（茶多糖、茶多酚、茶色素含量比较高的茶），可以起到一定的预防糖尿病的效果。

七、茶的神经保护作用

最新人口普查表明，我国已经提前步入老龄化社会。在老年人的死亡原因中，除了我们知道的心脑血管疾病、肿瘤以外，阿尔茨海默病和帕金森病也已上升为主要原因，这两种病都是神经退行性疾病。茶叶中富含生理活性物质，流行病学调查发现，饮茶可以降低这些疾病的发病风险，保护我们的神经系统，提高生活质量。

🎥 茶叶的神经保护作用

（一）茶叶神经保护的作用机制

饮茶可提神醒脑，与茶叶中茶氨酸和咖啡因密切相关。茶氨酸和咖啡因都能迅速透过血脑屏障进入脑内，起到保护脑神经的作用。茶氨酸是谷氨酸受体的竞争性拮抗剂，具有明显的抗抑郁、抗焦虑和助眠功效，是 21 世纪新的天然镇静剂。此外，茶氨酸可增加神经递质多巴胺、血清素的水平，降低天冬氨酸水平。咖啡因是中枢神经中腺苷受体的非选择性拮抗剂，具有兴奋神经的作用。此外，儿茶素里的 EGCG（表没食子儿茶素没食子酸酯），还具有调节神经中单类化合物水平的作用，可通过调节谷氨酸受体，对抗谷氨酸毒性，调节神经递质、$\gamma-$ 氨基丁酸及其受体，调节腺苷水平，调节乙酰胆碱水平，调节相关信号转导通路的途径来保护神经细胞。

（二）茶叶中活性成分在神经保护中的作用

日常生活中，饮茶后不像饮用咖啡后那样兴奋亢进，主要原因是茶叶中的咖啡因可以和茶多酚络合，使人体对咖啡因的吸收放缓。临床试验表明，茶氨酸、咖啡因的拮抗作用，既可以更好地让试验者注意力集中，增进反应速度和准确性，又可以提高注意力转换任务的准确性并减少执行记忆任务时分心的可能性。其他研究指出，EGCG 可以拮抗咖啡因引发的焦虑。

（三）饮茶加运动，更利于保护神经

越来越多的事实证明，体育运动不但可以健体，而且可以健脑，有效提高认知功能，改善情绪，预防脑相关疾病和阿尔茨海默病等疾病的发生。所以，平时要养成多锻炼的习惯。快速老化痴呆模型小鼠摄入儿茶素后保持经常性运动 8 周以后，可有效提高小鼠的耐力，显著增加其耗氧量，促进骨骼肌脂肪燃烧，降低氧化应力，有效抑制衰老过程的发生与发展。

八、茶叶的其他功能

茶叶除了具有抗氧化和延缓衰老、延年益寿、防辐射、预防心血管疾病、防癌抗癌、防治糖尿病、保护神经的功能外，还具有其他功能。

🎞 茶叶的其他功能

第一，养颜祛斑。饮茶具有清除皮肤表面油脂、收缩毛孔、消炎灭菌、减少光损伤等作用。临床试验表明，外用儿茶素可以缓解黄褐斑，其效果与外用复方氢醌霜的效果接近，而且对皮肤不会产生副作用。100 名脸上色斑较严重的女性服用茶多酚美容胶囊一个疗程（30 天）以后，脸上色斑的面积减少了近 10%，色斑颜色变浅近 30%。同时，服用茶多酚，还可以减退老年斑，减少黑色素的沉积。

第二，具有解酒功效。饮茶能够解酒，是因为茶多酚作为抗氧化剂，既可以抑制酒精氧化为乙醛，又可以清除机体内有乙醇介导的氧化应激产生的自由基，这对减轻由酒精诱发的肝病有积极作用，所以茶多酚可以作为天然解酒剂。

第三，喝茶者可能拥有更年轻的生理年龄。所以长期有喝茶习惯的人看起来

相对年轻一些。正常健康细胞的老化，与端粒酶缩短机制有关，在每一轮 DNA 复制中，端粒体都会逐渐缩短，最终达到临界长度。若阻止进一步复制，则会引起 DNA 损伤应答，从而触发衰老。香港中文大学的研究者通过观测端粒体的长度，染色体末端和 DNA 序列，发现经常饮茶的人比不饮茶的人的细胞生理年龄年轻。这是因为细胞每复制一次，端粒体就会缩短一点，当端粒体全部耗尽，细胞就凋亡了。端粒体对氧化胁迫十分敏感。国际上一些专家认为，端粒体是生理年龄的标记物，茶叶中的多酚类抗氧化物质可以有效减少端粒体在正常老化过程中受到的氧化损伤。科学家发现，每天平均喝三杯茶（大约 750mL）的人群中端粒体的长度比每天只喝 70mL 的人要长 4600 个碱基，这种端粒体碱基长度差异，相当于五年的寿命差。该项研究的对象是 976 位中国男性老人和 1030 位中国女性老人，他们的平均年龄是 65 岁。他们的喝茶与生活习惯都是经过严格评估的。研究表明，喝茶，一是看起来年轻，二是可以让人长寿。

第四，有利于骨骼健康。很多人担心喝茶会引起钙流失，使机体缺钙。其实研究结果恰恰相反，香港中文大学的研究发现，茶叶中的儿茶素可以促进骨骼形成，抑制骨骼的弱化，尤其是里面的 EGC（表没食子儿茶素）可以促进造骨细胞分化，抑制破骨细胞形成，EGC 是儿茶素的一个单体，其中的造骨细胞主要负责骨骼的长成，破骨细胞负责骨骼的分解，导致骨骼的脆弱。研究发现，茶叶里的儿茶素可以让骨骼更加健康。因此，喝茶，其实可以防止钙流失，让我们的骨骼更加健康。

第三节　科学饮茶有妙招

一、看茶饮茶

科学饮茶要讲究不同茶类、不同体质、不同时间，即看茶喝茶、看人喝茶和看时喝茶。健康的饮茶方式，并不是绝对的。日常饮茶的选择，不应拘泥于某一种茶类，应根据年龄、性别、体质、工作性质、生活环境以及季节选择茶类，从而领略各种茶的魅力。

看茶饮茶

李时珍在《本草纲目》中记载："茶味苦，甘，微寒，无毒。归经，入心，肝，脾，肺，肾脏。阴中之阳，可升可降。"其实，六大茶类本身也有寒凉、温和之分。相关资料记载，绿茶属不发酵茶，富含叶绿素、维生素 C，性凉、微寒。白茶属微发酵茶，性凉，但存放时间较长的白茶与新的白茶会有不同。黄茶，属部分发酵茶或者后发酵茶，品性寒凉。乌龙茶又叫青茶，属半发酵茶，性平，不寒也不热，是中性茶。红茶属全发酵茶，比较温和。黑茶，属于后发酵茶，茶性温和，滋味浓厚，回甘，刺激性不是很强。

六大茶的分类是根据加工工艺和品质特点分的。从中医角度，可以把六大茶类分为凉性、中性和温性。在茶类品性表中，苦丁茶也在其中作为对照，因为苦丁茶在夏天比较受欢迎，它属于极凉的品性（图 8.11）。

总的来讲，六大茶类中绿茶、黄茶、白茶属于凉性茶，乌龙茶属于中性茶，黑茶和红茶属于温性茶，这是粗略的分类。再进行细分，还可把普洱茶和乌龙茶分成不同的品性。普洱茶中生茶的工艺其实是按照绿茶工艺制作的，5 年之内的普洱生茶，应属于凉性茶；5 ～ 10 年的，属中性茶；超过 10 年的，它的品质与普洱熟茶接近，变成了温性茶。当然，不同的原料、仓储，其时间节点可能会略有不同，还有待进一步研究。而乌龙茶，其种类较多，有轻发酵、中发酵、后发酵之分。一般来讲，轻发酵的乌龙茶，如台湾的文山包种、浙江龙泉的金观音、轻发酵的铁观音等，属于偏凉性的茶品；重发酵的乌龙茶，如武夷岩茶大红袍，就属于

图 8.11   不同茶类细分性质

温性茶品。因此，"看茶饮茶"，最重要的是了解六大茶类的原料和加工工艺。

从现代化学的角度区分茶类的品性，可以根据茶叶中的茶多酚和咖啡因两类物质在茶叶中存在的状态不同来区分。绿茶属于不发酵茶，茶多酚保持了其原来的状态，儿茶素没有结合，因此，属于凉性茶。在红茶的加工工艺中，茶多酚在酶的作用下，氧化成茶黄素、茶红素和茶褐素，因此变成了温性茶。所以，可以根据茶多酚的氧化程度来判断茶性。而对于咖啡因，它有两种存在状态：一种是游离状态，比如在绿茶茶汤中，那么茶为凉性；另一种是络合状态，比如在红茶、普洱熟茶茶汤中，那么茶为中性或温性。因此，我们也可以从化学的角度解释茶的凉性、中性和温性问题。

如何判断某类茶是否适合自己？这主要看我们身体对其有没有不适反应，主要表现为：有些人喝绿茶会拉肚子，那么这些人的体质可能偏寒，就应该喝些温性的茶；有些人喝了茶以后睡不着，或者出现头昏、茶醉现象，那表示茶的浓度太高或者茶类不适合。如果喝某种茶，身体、精神状态非常好，且平时不易感冒，那么就可以长期喝这种茶。

六大茶类从发酵程度的轻和重，可以做以下排列：绿茶、黄茶、白茶、乌龙茶、红茶和黑茶。而从抗氧化、延缓衰老的角度讲，发酵程度越轻的茶，一般效果会更好。从调节代谢功能的角度讲，例如对痛风、降血糖作用的效果，那么，发酵程度越重的茶效果越好。因此，平时喝茶要学会"看茶饮茶"。

二、看人饮茶（上）

科学饮茶的核心是看人饮茶，即根据每个人的体质不同，选择合适的茶饮。不同体质的人适合饮用的茶类并不完全相同，若茶品没选对，则饮后身体可能会出现不适。例如，如果内火很旺的人，经常饮用红茶，就可能导致内火更旺；如果体质偏凉的人，经常喝绿茶，可能会雪上加霜。有些人喝茶会导致高血压，有的人饮茶易便秘，还有些人饮茶会引起茶醉，等等。因此，在挑选茶叶的时候，要根据自身的体质来选择。

看人饮茶（上）

什么是体质？体质是指人体生命过程中，在先天禀赋和后天获得的基础上所形成的形态结构、生理功能和心理状态方面的综合的、相对稳定的固有特征。2009 年 4 月 9 日，中华中医药学会编写的《中医体质分类与判定》中，将人的体质分为九类，这九类体质及相应的特征如下（图8.12）。

第一类，平和质。平和质的人群通常脸色红润、精力充沛、身体健康。

第二类，气虚质。气虚质的人群容易疲惫、气短、语音低弱、精神不振。

图 8.12　九类体质

第三类，阳虚质。阳虚质的人群阳气不足、畏寒、大便不成形、如厕频率较高。

第四类，阴虚质。阴虚质的人群内火旺、耐冬寒、不耐暑热、口燥咽干、手脚心发热出汗、眼睛干涩、易便秘。阴虚与阳虚是完全相反的两种类型。但是有人冬天怕冷，夏天怕热，则是典型的阴阳两虚体质。

第五类，血瘀质。血瘀质的人群通常面色偏暗、牙龈易出血、身体被触碰易出现瘀斑，且瘀斑长时间无法消退。

第六类，痰湿质。痰湿质的人群一般体形较胖、腹部肥满松软、身体容易出汗、面部容易出油、舌苔厚、痰多不畅。

第七类，湿热质。湿热质的人群面部和鼻尖油光发亮，像涂了一层猪油的感觉，易生粉刺，皮肤容易瘙痒，嘴里有苦味、易口臭，如果睡得较晚，口臭会加重。

第八类，气郁质。气郁质的人群一般多愁善感、感情脆弱、体形偏瘦、胸部和腹部容易胀痛。

第九类，特禀质。特禀质，即特异性体质、过敏性体质。该体质人群易鼻塞、易打喷嚏、易患哮喘，且大多数人对药物、花粉、食物、气味或者季节变换过敏；有些人甚至对茶叶中的咖啡因过敏，导致其一喝茶就会呕吐。

实际上，每个人并不是只属于一种体质，有些人可能同时属于几种体质。

不同的体质适饮不同的茶，平和健康体质的人，什么茶都可以喝，浓淡也没有影响。气虚质的人，需少饮绿茶等凉性茶，尤其是浓度高的绿茶。一般，发酵程度中等的乌龙茶以及普洱熟茶，或者一些淡的红茶比较适合气虚质的人。总的来说，气虚质的人不要饮浓茶，尤其是咖啡因含量高的茶。而阳虚质的人，冬天怕冷，应多饮温性茶，少饮绿茶，更不能饮用苦丁茶。比如，可多饮红茶、普洱熟茶、发酵程度比较重的乌龙茶，如湖南安化、陕西泾阳的茯茶。阴虚质的人群，夏天怕热，应该多饮凉性茶，例如绿茶、黄茶、白茶、苦丁茶、轻发酵的乌龙茶。同时，阴虚质的人不适合饮用重发酵的红茶、黑茶，因为饮用多了可能会引起便秘。血瘀质的人，基本上六大茶类均可选择饮用，亦可浓一些，甚至可加一些山楂、玫瑰花等。另外，也可直接摄入提取物，比如，茶多酚片、茶多酚胶囊等。痰湿质的人适合饮用各种茶。同时，也建议该类人群提高饮茶的频率，适当浓一点，甚至可以加一些橘皮。湿热质的人，应该多饮绿茶、黄茶、白茶、苦丁茶以及轻发酵的乌龙茶，饮用时可搭配枸杞、菊花、决明子，也适合食用茶爽等深度加工的茶产品。但是，红茶、黑茶和重发酵的乌龙茶应适当少饮。气郁质的人，应多饮低咖啡因、高氨基酸含量的茶，比如安吉白茶等，也可适当加入玫瑰花、金银花等，但需控制茶的浓度。最后，特禀质的人，茶汤宜淡不宜浓，甚至可以把第一泡茶倒掉。

三、看人饮茶（下）

"看人饮茶"要根据体质，判断某种类型的茶是否适合自己饮用。因此，需要先判断自身的体质类型，再选择适合自己的茶。

📹 看人饮茶（下）

每个人的身体状况并不是始终如一的，而是时刻变化的。我们饮茶的目的是让体质往好的方向转变。因此，平时要时刻关注自身体质的变化，并做出相应的调整。不管什么类型的茶，不管哪种体质，都可尝试喝一点茶。饮茶除了考虑体质因素外，还需考虑其他因素，如平时是否有饮茶习惯。刚开始喝茶的人，或者平时不喝茶的人，选择茶饮宜淡，可选安吉白茶、缙云黄茶、高山绿茶或第一批龙井早春茶等氨基酸含量较高的茶；而对于经常喝茶的人，则可以喝得浓一点。有些人有调饮习惯，可在茶汤里面加一些牛奶、柠檬、茉莉花、玫瑰花等。培养良好的饮茶习惯，最理想的结果是让体质往健康方向转变，即平和质的分数越来越高。另外，不同职业、不同工作环境，也需考虑选择不同的茶。比如电脑工作者（如 IT 行业的人员），辐射接触者（如放射科医生、护士）应该多喝抗辐射效果好的绿茶。驾驶员、运动员、媒体工作者、演员、歌手也应多喝绿茶，可以保持头脑清醒，精力充沛，提升判断力和反应力。经常性接触有毒物质的人，应多饮各类茶，可以解毒。长期吸烟或者喝酒的人，也应该多饮各类茶，达到解烟毒、酒毒的目的。

那么，特殊人群如何喝茶？前文提到，咖啡因易溶于热水中，对胃有刺激作用，会影响睡眠。因此，我们总结了以下六类特殊人群，可能对咖啡因比较敏感，需要去除第一泡茶以减少咖啡因的摄入量。第一类，未成年人。未成年人对咖啡因比较敏感，喝茶可能会影响睡眠。医学领域也有证明，咖啡因浓度太高，甚至会影响未成年人的生长发育。第二类，处于三个非常时期的女性，即处于生理期、孕期、哺乳期的女性，宜饮淡茶，减少咖啡因摄入。第三类，神经衰弱的人。神经衰弱的人喝茶会影响睡眠，也可以用上述方法减少茶中咖啡因的含量。第四类，胃不好的人。绿茶中的茶多酚含量较高，对胃的刺激作用较明显。第五类，痛风或者尿酸高的人。咖啡因在体内代谢可形成尿酸，因此，这类人需要少饮咖啡，喝茶也需把第一泡茶倒掉。第六类，醉酒者。这六类人在饮茶的时候，可以考虑用开水冲泡后把第一泡茶（尤其是绿茶）倒掉，饮第二泡、第三泡，如此一来能够大大减少饮茶带来的副作用，且对身体有益。除此之外，糖尿病患者应多饮茶，且更适合饮普洱熟茶、老白茶等粗老茶。因为，老茶中茶多糖含量较高，具有降血糖、强身健体的功效。

那么，喝茶到底是影响睡眠，还是促进睡眠呢？很多人觉得喝茶一定会影响睡眠，有些人下午、晚上不喝茶，怕影响睡眠。其实，茶是非常神奇的一种饮料，它既含有影响睡眠的咖啡因，又含有安神镇静的茶氨酸。咖啡因对人体睡眠的影响是强烈而短暂的，而茶氨酸的安神镇静作用是微弱而持久的。短期喝茶可能会影响人的睡眠，尤其对咖啡因比较敏感的人，但是没有人因昨天喝茶而影响今天的睡眠。长期喝茶会让我们睡眠变好，因为茶叶中茶氨酸具有长效持久的安神镇静作用。哪怕是因喝茶而影响睡眠的人，根据两种物质的时间特性，早上多喝一点，下午、晚上少喝一点，长此以往其睡眠质量会提高。因此，经常喝茶的人如果长时间不饮茶，会觉得睡眠质量不好。若要促进睡眠，可选茶氨酸含量高的茶，如安吉白茶、高山茶、春茶、抹茶，多饮这些茶可让睡眠变好。

四、看时饮茶

科学饮茶，不仅要"看茶饮茶""看人饮茶"，还需"看时饮茶"。

对"时间"概念的理解，可以从一年的四季、一天的时辰和自身的特殊时期这三个层面来展开。

看时饮茶

科学饮茶，首先要根据季节的变化来做调整。古有二十四节气，根据不同节气做不同的事，同理，我们的体质也会随着季节的变化而变化。

为了更好地调理不同季节的身体，茶叶界有一些口口相传的饮茶养生名言。比如，春饮花茶，理郁气；夏饮绿茶，祛暑涩；秋品乌龙，解燥热；冬饮红茶，暖脾胃。春天宜多饮花茶，让整个冬天的郁气得以散除，也可以饮用铁观音、普洱熟茶；夏天天气较热，宜饮凉性茶，如绿茶、白茶、黄茶、苦丁茶、轻发酵的乌龙茶、普洱生茶，少饮温性茶；而秋天宜饮乌龙茶，也可以将红茶和绿茶拼配在一起喝；冬天天气较冷，宜多饮温性茶。

饮茶也可以根据一天中不同的时辰来调整。比如早上空腹的时候喝点淡茶，能稀释血液，降血压，清喉润肺。早餐后喝绿茶，提神清脑，抗辐射，准备迎接新一天的工作。中餐后饮乌龙茶，可消食去腻，清新口气，提神醒脑，更好地继续下午的工作。下午宜饮红茶调理肠胃。晚饭后可以喝一些黑茶，消食去腻，舒缓神经，为进入睡眠做准备。

看时饮茶中，需注意以下一些事项。

第一，睡前喝茶，会对神经系统有兴奋作用，导致睡眠质量变差，尤其是咖啡因含量高的茶，尽可能不喝。

第二，隔夜茶尽可能不喝。隔夜茶茶汤变黄，茶多酚、维生素C等有效成分氧化损失，容易滋生微生物，所以隔夜茶尽可能不喝。

第三，早晨起床后，可以喝点淡茶。因为经过一晚上的新陈代谢，身体消耗了大量的水分，血液浓度高，饮一杯淡茶可以补充水分、稀释血液、降血压。特别是中老年人，早晨起床后喝一杯淡茶水，对身体健康有利。

第四，出汗以后，应多喝茶。茶水能够快速补充人体所需的水分，降低血液浓度，加速体内的废弃物排出，减轻肌肉酸痛，消除疲劳。一般来讲，出汗后，喝茶的效果比喝水好。

第五，吃了油腻的食物后，应多喝茶。茶叶中的某些成分可以与脂肪结合形成一些物质，加快排入肠道，使胃部舒畅。所以若为了消脂而喝茶，茶可以适当泡得浓一些。

第六，吃了很咸的食物，应多喝茶。过咸的食物会导致食盐摄入过量，容易造成血压上升。多喝茶，具有利尿作用，加速体内盐分排出。腌制品中含有大量的亚硝酸盐，摄入后可能会致癌，而喝茶可促使这些成分排出。

第七，腹泻时，应喝些浓茶。腹泻容易使人脱水，可以喝一些浓茶。茶多酚可以刺激胃黏膜加速水分的吸收，使人体的水分得以补充。同时，茶多酚具有杀菌止痢的效果，对于腹泻的治疗有一定的辅助作用。

第八，醉酒后，慎饮茶。但如果喝醉酒后想喝茶，最好把第一泡茶倒掉。因为，茶叶有兴奋中枢神经系统的作用，醉酒之后喝茶，有两个副作用：其一会加重心脏的负担。喝醉酒后会觉得心跳加速，如果喝浓茶，心跳会更快，似火上浇油，对身体不利。其二会对肾脏造成损伤。酒精中未被分解的醛类，因茶的利尿作用而冲到肾脏里，会对肾脏造成较大的损伤，易引起肾结石，从而危害人体健康。所以喝醉酒后，尤其是心肾功能不好的人，忌喝浓茶。

第九，茶水送药，因药而异。药物的种类繁多、性质各异，能否用茶水服药不能一概而论。茶叶中有茶多酚、咖啡因，如果会和某些药物发生化学变化，则不能用茶水送服。一般认为，服用中药期间不要喝茶，主要考虑到浓度的问题，多喝茶会降低药物的浓度，影响疗效。但如果是服用一些维生素类的药，喝茶反而有助于其被人体吸收。因为茶叶中的茶多酚可以促进维生素在机体内的积累和吸收，具有 $1＋1＞2$ 的效果。茶叶本身也含有多种维生素，可增强药效。简单总结，不能用茶水送服的药，至少有三类：第一类，含金属的药物。如钙积累，葡萄糖酸钙、乳酸钙；含铁补血药或者含铁剂、硫酸亚铁、碳酸亚铁等；含铝剂，如氢氧化铝、硫糖铝等；钴积累，氯化钴、维生素 B_{12}；还有凝滞剂等含金属类的药物，不能用茶水送服，两者同服要间隔一小时以上。第二类，催眠镇静类的药物。催眠镇静类药物在功能上与茶叶中的咖啡因会有些冲突，因为咖啡因具有提神醒脑的作用。第三类，酶制剂类的药物。酶是蛋白质，茶多酚易与蛋白质起络合反应，从而降低酶的功效。

<table>
<tr><td rowspan="6">思考题</td><td>8.1</td><td>茶氨酸主要有哪些功效？</td></tr>
<tr><td>8.2</td><td>茶多酚主要有哪些功效？</td></tr>
<tr><td>8.3</td><td>什么是茶叶的特征性成分，主要包含哪几类？</td></tr>
<tr><td>8.4</td><td>茶叶中的化学成分可以分为哪几类，可以从哪几个层面来理解？</td></tr>
<tr><td>8.5</td><td>试述如何科学饮茶。</td></tr>
</table>

章节测试

参考文献

[1] 宛晓春. 茶叶生物化学 [M].3 版. 北京：中国农业出版社，2003.

[2] 张姝萍，王岳飞，徐平. 茶多酚对动脉粥样硬化的预防作用与机理研究进展 [J]. 茶叶科学，2019，39（3）：231-246.

[3] Wu Z., Huang S., Li T., et al. Gut microbiota from green tea polyphenol-dosed mice improves intestinal epithelial homeostasis and ameliorates experimental colitis[J]. Microbiome. 2021, 9(1): 184.

[4] 王岳飞，梁善珠，张士康，等. 茶多酚抗辐射制剂安全毒理学研究 [J]. 茶叶科学，2011，31（5）：405-410.

[5] Yan Z. M., Zhong Y. Z., Duan Y. H., et al. Antioxidant mechanism of tea polyphenols and its impact on health benefits[J]. Animal Nutrition, 2020, 6(2): 115-123.

[6] Zhang H., Qi R., Mine Y. The impact of oolong and black tea polyphenols on human health[J]. Food Bioscience. 2019（29）: 55-61.

[7] Bag S., Mondal A., Majumder A., et al. Tea and its phytochemicals: Hidden health benefits & modulation of signaling cascade by phytochemicals[J]. Food Chemistry, 2022, 371, 131098.

[8] 王琦. 从三个关键科学问题论中医体质学的进展及展望: 中华中医药学会中医体质分会第十九次学术年会讲话 [J]. 北京中医药大学学报，2021，44（12）: 1061-1066.

枝繁叶茂的
全球茶貌

第九章

枝繁叶茂的全球茶貌

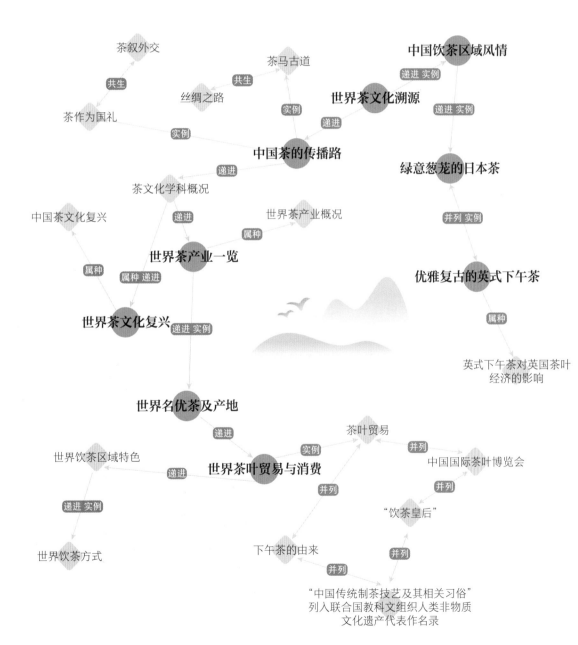

第一节　茶文化的全球传播之路

一、世界茶文化溯源

中国是世界上最早发现与利用茶的国家。世界茶及茶文化的"根"在中国。如今，茶已经历了千百年的传播和移植历程，全球已有60多个国家和地区种茶，160多个国家和地区有饮茶习惯，近30亿人钟情于饮茶。而追溯世界上茶树的种系、产茶的技术、饮茶的风俗等，无一不是直接或间接地来自中国。

世界茶文化
溯源

（一）茶的发现和利用

众所周知，中国是茶树的原产地，也是人类茶文化的发祥地（图9.1）。

在中国乃至世界茶叶史上，提到茶的发现和利用，便一定会想到"神农尝百草"的传说。在远古时期，虽然文字还没有出现，但历史却已然存在；当时的人们将事件口口相传，便成了传说，因此传说在一定程度上也是一种历史的记忆。

清代《格致镜原》曾引《本草》云："神农尝百草，一日而遇七十毒，得茶以解之。"而历代以《本草》为名的书很多，据专家考证，这里的《本草》当指《神农本草经》，该书约成书于秦汉年间，是

图9.1　云南野生大茶树

世界上第一部药物著作，它记录了药物的起源和治疗疾病的效用。

"神农尝百草"的故事，在中国流传很广，影响很深。不过如今看来，"神农尝百草"似有夸大之嫌。鲁迅先生在《南腔北调·经验》一文中写道："我们一向喜欢恭维古人，以为药物是由一个神农皇帝独自尝出来的（图9.2），他曾经一天遇到七十毒，但都有解法，没有毒死。这种说法，现在不能主宰人心了。"为此，鲁迅提出了自己的看法，他认为：古人一有病，最初只好各种草药都尝一些，吃了有毒的就死，吃了不相干的就无效，有的恰好对症竟就好起来了，于是便知道这是能治疗某一种疾病的药。可见，神农氏总结了原始社会先民长期生活斗

图 9.2 神农采药

争的经验，于是人们把发现茶的药用价值的功劳全然归功于神化了的神农，把他看作这一时期的先民智慧的代表，这也是可以理解的。若以此为据，茶的发现和利用已有 5000 年左右的历史了。

至于原始社会用茶解毒，即使在今人看来，也有一定的科学道理，是符合当时社会实际的。所以，中国人推崇神农为发现与利用茶的鼻祖，并非凭空杜撰，为实践所得。历代生活实践和科学研究、试验分析都表明，饮茶有利健康，茶是健康饮品，具有消炎解毒和广泛的茶疗作用。

（二）茶树之源

茶树是多年生木本常绿植物。瑞典科学家林奈（Carolus Linnaeus）在 1753 年出版的《植物种志》中，将茶树的最初学名定为：*Thea sinensis*，意为中国茶。1950 年，中国植物分类学家钱崇澍根据国际命名和岁茶树特性的研究，将茶树学名订正为：*Camellia sinensis*（L.）O.ktze。这里 *Camellia* 为属名山茶属，*sinensis* 为种名中国种。茶树的学名明白无疑地告诉世人：茶树是原产于中国的山

茶属植物，茶的"根"在中国。

从生物进化史来看，茶树所属的山茶属是比较原始的一个种群，它至今已有4000多万年的历史了。关于世界茶树的起源地域，茶学界普遍认为中国西南地区的云贵川渝是茶树的起源中心，再经西南古巴蜀地区向长江中下游和东南沿海地区依次传播开来。

但自1824年英军少校勃鲁士在印度阿萨姆发现野生茶树以后，关于茶树的起源，陆续产生了一些不同的观点与说法，有"印度说""无名高地说"（多源说）以及"两源说"等。其实，有无野生大茶树生长，仅仅是考证是不是茶树原产地的佐证之一，并非直接证据。日本学者松下智曾先后5次到印度考察，最终认为印度阿萨姆的茶树特性与中国云南大叶种相同，认为阿萨姆的茶种最早是从中国的滇西传播过去的。

茶学界普遍认为，茶树从乔木型到灌木型的变化，是自然条件下，尤其是气温变化造成的种内变异的结果。一般来说，位于多雨炎热地带的茶树，演化成了耐湿热、耐日晒、树冠高大、叶大如掌的乔木型茶树；而位于气候相对寒冷地区的茶树，演化成了耐阴寒、树冠矮小、叶型较小的灌木型茶树。而从茶的考古发现、最早利用、野生茶树分布、茶树理化性状、古代地质变迁、气候生态变化等众多角度出发的事实依据也都表明，中国西南地区无疑是茶树的原生地。

所以说，世界茶及茶文化的"根"是在中国。

（三）世界茶树分布区系

就世界范围而言，从唐代开始，中国茶就随茶文化传播而移植到周边的亚洲国家和地区，最先移植中国茶的是朝鲜半岛，然后是日本，随后是东南亚、南亚、中亚、西亚等地。

大航海时代后，中国茶因茶叶贸易和饮茶时尚而传入欧洲，并随着欧洲资本主义殖民扩张，扩散到美洲、大洋洲、非洲等地。

21世纪以来，除中国外，亚洲的印度（图9.3）、斯里兰卡、越南、土耳其、日本（图9.4）、印度尼西亚、格鲁吉亚等，非洲的肯尼亚（图9.5）、坦桑尼亚、乌干达、马拉维（图9.6）等，南美洲的阿根廷、巴西、秘鲁等，北美洲的美国，欧洲的俄罗斯等，大洋洲的澳大利亚、新西兰等国家都有较大规模的茶树种植，已然成为其所在大洲的重要产茶区域。

图 9.4　日本富士山茶园

图 9.3　印度大吉岭茶园（澎湃新闻 图）

图 9.5　肯尼亚茶园（新华社 图）

图 9.6　马拉维茶园（马拉维旅游网 图）

二、世界茶文化复兴

世界茶文化的缘起在中国。而今茶早已从中国走向了世界各国，成为人们十分喜爱的饮品之一。自 20 世纪 70 年代以来，随着改革开放的深入发展，茶文化也有了长足的进步与发展。进入 21 世纪，中国茶业发展更快，成绩更加喜人。茶文化不仅在世界范围内得以发扬光大，而且更加博大精深，无论在深度、广度、高度还是精度上，都达到了一个新的境界。

世界茶文化复兴

（一）中国茶文化复兴

1980 年，湖北天门召开了首届陆羽学术讨论会，对推动全国茶文化的复兴起到了很大的作用。

随后，经庄晚芳等茶学界前辈倡议（图 9.7），"茶人之家"于 1982 年在杭州成立。在这一时期，一批与茶文化相关的书出版，如陈祖架、朱自振的《中国茶叶历史资料选辑》与当代茶圣吴觉农的《茶经述评》。而《茶经述评》一书，是研究陆羽《茶经》的一大力作，该书的问世为普通爱茶之人阅览研读《茶经》提供了更大的可能性。自此，中国茶文化走上了快速复兴的道路，茶文化活动及团体蓬勃发展。

1989 年，在北京举办了"茶与中国文化展示周"。

1990 年，举办了杭州国际茶文化研讨会（图 9.8）。在此期间，中国茶叶博物馆于杭州建成开馆。

2003 年，浙江树人大学创办了应用茶文化大专班。

2006 年，浙江农林大学创办了茶文化学院本科班。与此同时，一大批茶艺

图 9.7　庄晚芳（左）与姚国坤

图 9.8　杭州国际茶文化研讨会

师、评茶员分别在全国各地获得了职业资格证书。

另外，一批具有相当学术价值和专业水平的大型茶工具书出版，如陈宗懋主编的《中国茶叶大辞典》，王镇恒、王广智主编的《中国名茶志》，中国茶叶股份有限公司和中华茶人联谊会共同编著的《中华茶叶五千年》，郑培凯、朱自振主编的《中国历代茶书汇编校注本》，姚国坤主编的《图说中国茶文化》和《图说世界茶文化》等。

（二）其他国家的茶文化复兴

当代日本，茶道已成为修养身心，彰显社会地位的象征，也作为日本的文化名片，以茶为载体将日本文化推广到世界各地。

在韩国，随着茶文化活动的蓬勃开展，也逐渐形成了具有韩国特色的茶礼。第四届国际茶文化研讨会在韩国召开（图9.9）。

图9.9 第四届国际茶文化研讨会

马来西亚受中国茶文化的影响，创建了马来西亚国际茶文化协会，掀起了饮用中国乌龙茶、普洱茶的热潮。

随着茶文化复兴，在中东地区，饮茶已成为一种文明待客之举和优雅精致的生活方式。

北非的一些国家，尤其是埃及、摩洛哥，饮茶风气浓厚，客来敬茶已成为一种习俗。

英国形成了人人饮"下午茶"的风俗，在世界茶叶消费量上一直占据很大份额。

随着工业化进程的加快，法国茶馆业开始走向人民大众，成为日常生活和社交活动不可或缺的一项内容。

俄罗斯出现了不少专门的茶馆，已成为富人聚会的好地方。

在美国，茶叶的消费方式发生了新的变化。如今，不仅供应多种茶类的现泡茶，还研究出了一种新茶饮，比如将柑橘、石榴汁与茶混合，并添加其他水果，制成风味独特的调饮茶，使饮茶成了健康休闲的社交生活方式。

（三）当代茶文化社团组织的发展

如今在世界范围内，随着茶文化事业的不断发展，茶文化社团组织（包括茶文化民间社团、学术团体等）纷纷建立。这对茶文化的健康发展十分有利，对茶文化产业的建设也有很大的推动作用。

1. 中国茶文化社团组织

随着茶文化的复兴，当代中国茶文化社团组织得到了迅速发展。如今，仅中国大陆地区注册成立的全国性及省级茶文化社团组织至少有27个，例如，中国国际茶文化研究会、四川省茶文化协会、湖北省陆羽茶文化研究会、山东省茶文化研究会、新疆维吾尔自治区茶文化协会、河北省茶文化研究会、贵州省茶文化研究会、云南省普洱茶协会、河南省茶文化研究会、安徽省茶文化研究会、陕西省茶文化研究会、辽宁省茶文化研究会等。此外，在中国香港、澳门特别行政区和中国台湾地区，也都成立了多个茶文化社团组织。

各地茶文化社团组织的相继建立，使全国各地的茶人都能找到自己的"家"，同时，也为各地的爱茶人士与茶文化工作者及从事茶行业的专家、学者提供了以茶会友的场所。

2. 其他国家的茶文化社团组织

日本的茶文化组织除"三千家"，也就是里千家（图9.10）、表千家、武者小路流派外，主要的还有全日本煎茶道联盟、世界绿茶协会、日本茶业中央会、茶汤文化学会、日本中国茶振兴协会等。

图9.10　里千家茶道馆外景

韩国茶文化组织主要有：韩国茶人联合会、韩国国际禅茶文化研究会、韩国陆羽茶经研究会、韩国茶文化研究会、韩国国际茶文化研究会、韩国国际茶道协会、韩国茶文化学会、韩国茶生产者联合会等。

马来西亚有国际茶文化协会。

新加坡有国际茶文化协会。

法国有法国茶道协会、法国国际茶文化促进会。

英国有英国茶叶协会。

意大利有意大利茶文化研究会等。

美国有美国茶文化学会、全美国际茶文化基金会、国际名茶协会等茶文化社团组织。

澳大利亚有澳大利亚茶文化研究会。

总之，世界各国的茶文化组织已呈星罗棋布之态。这些茶文化组织也正是发展茶文化、茶产业、茶科技事业的有力推动者，在全世界茶文化组织的共同努力下，茶文化正在迅速复兴与发展。

三、中国茶的传播路

茶的"根"在中国，那么茶叶是通过什么途径、用何种方式传播到世界各地的呢？

🎥 中国茶的传播路

（一）茶文化传播途径

中国茶叶对外传播途径，主要有两条：一条是陆上丝绸之路，另一条是海上丝绸之路。相比较而言，陆上丝绸之路传播在先，海上丝绸之路传播在后。

早在2000多年前的西汉时期，张骞两次出使西域（图9.11），陆上丝绸之路随之开通。这条横贯欧亚的商贸通道，将中国的茶叶连同丝绸、瓷器一起带出国门，传入西域各国，包括现今的中亚、西亚与东欧各国。

唐宋时，茶叶又沿着海上丝绸之路进入朝鲜半岛和日本。特别是从明代开始，随着"郑和七下西洋"（图9.12），中国茶叶又经海上丝绸之路进入东南亚、西欧，直至北非东部，进而辗转到美洲和大洋洲各地。

如今，茶叶犹如一株参天大树，覆盖全球五大洲。但世界各地的茶种来源、栽植制作技术以及饮茶习俗等都是直接或间接地由中国传播出去的，并由此使茶成为世界一业，进而构筑成为世界茶文化。

图 9.11　张骞出使西域 莫高窟第 323 窟 初　图 9.12　郑和下西洋（国家博物馆 图）
唐（敦煌研究院 图）

（二）茶叶对外传播方式

中国茶叶对外传播的方式，主要有以下几种。

1. 古代茶叶对外传播方式

（1）通过经贸往来，将茶传播到海外

据记载，早在 8 世纪末时，在长安与西北边境以及中亚、西亚等地区，已经开始通过陆上丝绸之路，用内地之茶换取西域之马，称"茶马互市"。

自清康熙二十八年（1689 年）起，俄国商队就不断来到中国，将茶叶、丝绸、瓷器等货物，由河北张家口，经内蒙古、西伯利亚贩运至俄国销售，使饮茶之风深入俄国境内。清雍正五年（1727 年），中俄签订《布连斯奇条约》，中俄茶叶贸易通道进一步打开，晋商在福建等地统一收购茶叶，在湖北汉口集中，经河南、山西、河北、内蒙古运送至清代俄中边镇恰克图，穿越近 6000 公里，历史上称之为中蒙俄"万里茶道"。恰克图在俄语中的意思为"有茶的地方"，中俄双方长期在此进行茶叶贸易，是中俄茶叶贸易的重要集散地。

16 世纪初，葡萄牙商人率先来到中国进行茶叶贸易活动，打开了海上茶叶贸易的门户。

19 世纪中期开始，特别是鸦片战争以后，随着五口通商的实行，以英国为主

图 9.13　19 世纪中国广州港茶叶外销的情景

的国家源源不断地将中国茶叶贩卖到世界多地（图 9.13）。

（2）经来华使节，将茶叶带出国门

804 年，日本高僧最澄一行来到中国，经浙江明州（今宁波）上岸，就学于天台山国清寺。次年（805 年）三月最澄回国时，在带回佛教经文的同时，还特地带回了天台山茶籽，播种于日本近江（今滋贺县）比睿山麓的日吉神社旁，至今遗存，并立有石碑以作纪念。

1603 年，荷兰在爪哇万丹（今巴达维亚）设荷兰东印度公司，其间，旅居万丹的员工们受当地华人影响，开始对茶产生浓厚兴趣并将其带回英国饮用。1726 年，爪哇政府派遣使者开始从中国引进茶种，试种茶树。1827 年，爪哇政府又派遣专人来华，专门学习茶树栽培与茶叶加工技术。

（3）将茶作为礼品赠送，流传到国外

以茶为礼馈赠给各国来华的贵宾，是我国茶文化对外传播的又一重要形式，也是中国政府待客的传统礼节。

图 9.14　遣唐使东渡

据文献记载，新罗兴德王时遣使来唐，唐文宗在接见遣唐使者金大廉的时候（图9.14），赐予天台山茶籽。金氏回国后，奉兴德王之命，又将茶籽播种于韩国智异山下的华严寺周围（图9.15），从此开启了韩国种茶的历史。

清康熙三年（1664年），意大利使节向清政府进贡方物，在清政府的回礼中，就有茶叶。

（4）应邀派专家去国外发展茶叶生产

1812—1825年，葡萄牙人从澳门地区招募几批中国种茶技工，到巴西传授种茶技术。这些中国种茶技工带

图 9.15　韩国智异山华严寺（韩国旅游发展局 图）

图 9.16　巴西里约热内卢植物园种茶的中国茶农

着茶树种子与苗木，分批抵达巴西的里约热内卢进行茶树种植试验（图 9.16），为发展巴西茶叶生产做出了极大的贡献。

清光绪十九年（1893 年），应俄国皇家采办商波波夫之邀，时任浙江宁波茶厂副厂长的刘峻周，带领技工到达今格鲁吉亚的巴统、高加索地区种植茶树，并取得了成功。

1875 年，应日本政府要求，中国派出技术人员赴日本专门讲授与指导制作红茶、绿茶与乌龙茶的技术。

（5）西方传教士助推茶叶西进

欧洲传教士于 16 世纪来到中国传教后，也受到了中国文化的影响，开始穿儒服、说汉语、了解中国的风土人情与饮食文化，在此过程中，他们接触到了中国的饮茶习俗，认识茶后爱上茶，并通过口头讲述、书信往来、写文著书等方式将中国的饮茶习俗传播至西方社会，又慢慢由饮用茶、消费茶发展为购买茶、交易茶。

1556 年，葡萄牙传教士克鲁兹在广州住了几个月，回葡萄牙后出版了《广州记述》一书，书中就有关于中国茶的记述。克鲁兹可谓是将中国茶礼、有关的茶器

图 9.17　文成公主和亲

以及喝茶的效用介绍给西方社会的第一人。

（6）通过和亲联姻，使茶叶传播出去

许多资料表明，古今中外各国有很多通过和亲的方式将茶文化带入他国的例子。

唐贞观十五年（641 年），唐太宗将宗女文成公主远嫁给吐蕃松赞干布，在文成公主的嫁妆中就有茶叶（图 9.17），从此茶叶便在西藏逐渐推广开来。

2. 现当代茶叶对外传播方式

进入 20 世纪，茶叶对外传播的方式更为直接和简便。

（1）派专家去国外种茶、制茶

20 世纪 50 年代，中国派遣茶叶专家去越南，帮助河内茶厂恢复和发展茶叶生产。

20 世纪 60 年代，中国又派出技术专家赴马里、几内亚、摩洛哥、巴基斯坦、玻利维亚等国发展茶叶生产。

20 世纪末，中国台湾地区茶叶专家前往新西兰，帮助其发展茶叶生产。

（2）通过商业拍卖将茶传向四方

用买卖方式将茶叶从这个国家拍卖到另一个国家。这种方式早期在英国进行，现今主要的拍卖中心有：印度的加尔各答拍卖中心、斯里兰卡的科伦坡拍卖中心、肯尼亚的内罗毕拍卖中心、孟加拉国的吉大港拍卖中心、马拉维的林贝拍卖中心、印度尼西亚的雅加达拍卖中心等。

（3）用茶叶作为国礼，赠送给各国元首

1972 年，美国总统尼克松访华，国务院总理周恩来陪同他参观了杭州西湖龙井茶产地梅家坞，周总理又代表杭州人民将一包西湖龙井赠予尼克松总统。

2007 年，胡锦涛主席访问俄罗斯期间，也将中国的名茶作为国礼赠送给俄罗斯总统普京，名茶为加深中俄友谊做出了贡献。

四、茶文化学科概况

茶作为一种现象的呈现，它的孕育、形成和发展，已经走过了数千年的历程。但"茶文化"一词的出现，还不足 40 年。而茶文化作为一种概念的确立，也不过 30 年。特别是茶文化作为一门学科的创建，却是 21 世纪初的新生事物。

■ 茶文化学科概况

如今，茶文化活动已遍及全球。

（一）"茶文化"现象的出现

"茶文化"现象，早在中国魏晋南北朝时期已开始涌现；兴于隋唐，盛于两宋；明清时期也有所发展；民国时期一度衰落；直至 20 世纪 80 年代，再铸新的辉煌。

（二）"茶文化"一词的出现

尽管中国茶文化在中唐时期已经兴盛，但"茶文化"这一名词的出现和被接受，却是 20 世纪 80 年代初的事。

在中国大陆地区，当代著名茶学家庄晚芳首先使用"茶文化"一词。1984 年，庄晚芳发表论文《中国茶文化的传播》，首创"中国茶文化"这个名称。接着，庄晚芳又发表了论文，重提"茶文化"这一名称。

在中国台湾地区，1984 年，吴智和出版了《茶的文化》，使茶文化名称闻名于世。接着，张宏庸在《茶艺》一书中，也提出了中国茶文化之说。

由上述内容可知，20 世纪 80 年代初，"茶文化"一词在海峡两岸同时出现，并逐渐走进人民大众的视野。

1993 年 11 月，"中国国际茶文化研究会"成立。同年，在江西南昌成立了"中国茶文化大观"编辑委员会，着手编辑《茶文化论丛》《茶文化文丛》。

（三）"茶文化"概念的确立

1991 年 4 月，王冰泉、余悦主编的《茶文化论》由文化艺术出版社出版。

1991 年 5 月，姚国坤等编著的《中国茶文化》出版，这是第一本以"中国茶文化"命名的著作。

1991 年，陈文华主编的《农业考古》杂志推出《中国茶文化专号》。

1992 年，朱世英主编的《中国茶文化辞典》出版。

由上述内容可知，"茶文化"作为一个新的概念被确立，是在 20 世纪 90 年代初。但对这概念的内涵和外延的界定依然难以统一。后来不断有人通过研究、总结和提炼，对茶文化的概念进行阐释，从不同角度进一步完善了茶文化的概念。

（四）茶文化学的创建

早在 1991 年，余悦撰写的《中国茶文化学论纲》就论述了中国茶文化的特点，呼吁建立"中国茶文化学"。同年，王玲在"'中国茶文化学'的科学构建及有关理论的若干问题"一文中也提出构建"中国茶文化学"。

1995 年，阮浩耕、梅重主编的《中国茶文化丛书》、1999 年余悦主编的《中华茶文化丛书》等，都对茶文化学科的建立与建设进行了比较系统的研究。

2003 年，安徽农业大学中华茶文化研究所被批准为学校人文社会科学重点研究基地，先后出版了多部著作。

2004 年，江西省社会科学院把茶文化学作为重点学科，以陈文华为学科带头人，余悦、王河、赖功欧、施由民、胡长春等为骨干，先后出版了多部著作。

2004 年 12 月，中国国际茶文化研究会成立了直属机构"学术委员会"，有组织、有计划地加强茶文化学术研究。

2005 年 8 月，江西省社会科学院举办了"中国茶文化学术研究与学科建设研讨会"，会议围绕中国茶文化学科建设展开了热烈而深入的讨论。

在这之后，浙江大学等 10 余所高校陆续在硕士和博士研究生培养中，设立了茶文化研究方向。这在事实上已将茶文化作为一门学科或子学科了。

2019 年 3 月，由姚国坤编著的《中国茶文化学》，公开出版发行。

综上所述，21 世纪初是中国茶文化学科被确立的时期，但将茶文化作为一门学科进行建设，还在不断完善和深化中。

第二节　世界茶产业解析

一、世界茶产业一览

当今世界已有 60 多个国家和地区种茶，遍及世界五大洲。茶产业已有相当大的规模，2020 年全球种茶面积就已达 509.8 万公顷，产茶 520 多万吨。

世界茶产业
一览

茶树种植，最北界线已经抵达北纬 49° 的乌克兰外喀尔巴阡，最南界线至南纬 22° 的南非纳塔尔，地跨热带、亚热带和温带。垂直分布范围从低于海平面到海拔 2300m。

（一）世界茶区分布

根据世界茶树种植分布，结合气候、生态、地理等条件，我们可以将全世界的茶区划分为六大茶区。

东北亚茶区：包括中国、日本、韩国等国。

南亚茶区：包括印度、斯里兰卡（图 9.18）、孟加拉国、巴基斯坦、尼泊尔等国。

图 9.18　斯里兰卡茶园
（新华社 图）

东南亚茶区：包括印度尼西亚、越南、缅甸、马来西亚、泰国、柬埔寨、老挝等国。

西亚茶区：包括格鲁吉亚、阿塞拜疆、土耳其、伊朗等国。

非洲茶区：包括肯尼亚、马拉维、布隆迪、坦桑尼亚、毛里塔尼亚、赞比亚、莫桑比克、卢旺达、马里、几内亚等国。

南美茶区：包括阿根廷、巴西等国。

此外，在东欧的俄罗斯，以及大洋洲的巴布亚新几内亚、澳大利亚、新西兰、斐济等国也有少量的茶园。

（二）世界产茶国家

现今全世界种茶、产茶的国家有 64 个，其中：

1. 亚洲种茶国家

在世界七大洲中，茶树种植面积最大的是亚洲，约占全球茶树种植面积的 90%，产量约占 84%，有 22 个国家产茶，分别是：中国、印度、斯里兰卡、印度尼西亚、日本、土耳其、孟加拉国、伊朗、缅甸、越南、老挝、泰国、马来西亚、柬埔寨、尼泊尔、格鲁吉亚、阿塞拜疆、菲律宾、韩国、朝鲜、阿富汗、巴基斯坦。

其中，中国的茶园面积与茶叶产量均为世界第一。印度以生产红茶为主，红茶产量约占全国茶叶总产量的 98%。

2. 非洲种茶国家

非洲茶叶生产主要是 19 世纪后期才发展起来的，大面积种茶也只有 100 多年的历史，虽是新兴产茶区，但其茶园种植面积与茶叶产量仅次于亚洲，是世界茶叶生产的第二大洲。在非洲有 20 个国家产茶，分别是：肯尼亚、马拉维、乌干达、坦桑尼亚、莫桑比克、卢旺达、马里、几内亚、毛里求斯、南非、埃及、刚果（布）、喀麦隆、布隆迪、刚果（金）、埃塞俄比亚、摩洛哥、津巴布韦、阿尔及利亚、布基纳法索。

3. 北美洲、南美洲种茶国家

美洲种茶历史不长，仅百余年，产茶国家主要分布在南美洲，有 12 个国家产茶，分别是：阿根廷、厄瓜多尔、秘鲁、哥伦比亚、巴西、危地马拉、巴拉圭、牙买加、墨西哥、玻利维亚、圭亚那、美国。

4. 欧洲种茶国家

欧洲纬度偏高，气候偏冷，只在局部地区种有茶树，种茶国家有 5 个，分别是：俄罗斯、葡萄牙、乌克兰、意大利、英国。

5. 大洋洲种茶国家

大洋洲有 4 个国家产茶，分别是：巴布亚新几内亚、斐济、新西兰、澳大利亚。大洋洲茶园种植面积不大，生产茶叶种类单一，历史上只生产红茶。

（三）世界茶产业概况

随着全球对茶需求的日益增大和制茶科技的不断进步，世界茶产业不断发展壮大。现以 2020 年数据为例：

全球茶园总面积为 509.8 万公顷。其中排名前 5 位的国家依次是：中国（316.5 万公顷）、印度（63.7 万公顷）、肯尼亚（26.9 万公顷）、斯里兰卡（20.3 万公顷）和越南（13.0 万公顷）。

全球茶叶生产总量为 626.9 万吨。其中排名前 5 位的国家依次是：中国（298.6 万吨）、印度（125.8 万吨）、肯尼亚（57.0 万吨）、土耳其（28.0 万吨）和斯里兰卡（27.8 万吨）。

全球茶叶消费总量为 587.8 万吨。其中排名前 5 位的国家依次是：中国（245.0 万吨）、印度（106.2 万吨）、土耳其（27.0 万吨）、巴基斯坦（25.2 万吨）和俄罗斯（14.2 万吨）。

全球茶叶出口总量为 182.2 万吨。其中排名前 5 位的国家依次是：肯尼亚（51.9 万吨）、中国（34.9 万吨）、斯里兰卡（26.3 万吨）、印度（20.4 万吨）和越南（13.0 万吨）。

根据最近几年数据统计，全球各类茶的生产比例大致为：红茶占 73%，绿茶占 15%，乌龙茶占 9%，其他茶占 3%。

（四）全球国际茶业组织机构

全球茶业组织机构主要有：

国际茶叶委员会： 总部设在英国伦敦，主要职能是收集茶叶生产、茶叶进口和茶园面积等世界茶叶统计资料，定期出版《茶叶统计月报》和《茶叶统计年报》。

欧洲茶叶委员会： 总部设在德国汉堡，主要职能是对进入欧共体国家的茶叶进行严格的质量和卫生检验。

联合国粮农组织政府间茶叶小组：总部设在意大利罗马，主要职能是沟通茶叶生产国和消费国之间的关系，平衡茶叶生产和消费。

国际标准化组织农业食品技术委员会茶叶技术委员会：总部设在匈牙利布达佩斯，主要职能是稳定和提高茶叶品质，维护茶叶声誉，保障消费者利益。

二、世界名优茶及产地

所谓名优茶，是指世界各地利用茶树品种优势、气候环境优势，以及制茶工艺的改革与创新，不断创造出许多品质优异的茶叶产品，这些产品通常被称为名茶或名优茶。中国是世界上名优茶品种最多的国家，《中国名茶志》统计，截至 2000 年中国名茶已有 1017 种。

▶世界名优茶及产地

（一）日本宇治玉露茶、抹茶

玉露茶，是一种非常鲜醇的蒸青绿茶。每年春季，茶树开始萌发新芽时，要用遮光度高达 80% ～ 90% 的遮阳网搭架覆盖于茶树上，目的在于增加茶叶中的叶绿素和氨基酸含量，减少茶多酚含量，从而使制成的茶叶色泽更绿，滋味更鲜醇。以产地在京都宇治的玉露茶最为著名，此外，九州八女、静冈、三重等地出产的玉露茶品质也很好。

日本抹茶是采摘覆下茶近成熟的芽叶，蒸青制干后，用石磨将其磨成茶粉，故称"抹茶"（图 9.19）。抹茶主要用于日本茶道，用茶筅击拂均匀后饮用，滋味鲜爽。另外，抹茶还可用作食品添加剂，制成多种多样的抹茶食品。日本抹茶也以品质优异而闻名于世。

图 9.19　日本抹茶

（二）印度大吉岭红茶

印度北方的大吉岭地区很早就引种了中国茶树品种，制成的红茶不仅汤色红艳，滋味浓强鲜爽，而且香气很好，在甜醇的果味香中，还带有一些花香。

印度除生产大吉岭红茶外，还生产阿萨姆红茶。阿萨姆红茶汤色红艳，滋味浓强鲜爽，适合加糖、加奶调饮。

近些年以来，印度还推出轻发酵的创新工艺，制造出一些轻发酵的花香红茶，别有风味，很受欢迎。

（三）斯里兰卡高地红茶

斯里兰卡红茶中最好的是产于海拔 1200m 以上的纳沃拉、乌伐等高地茶区的红茶，香味浓郁，并带有花香，这是世界公认的高香红茶之一。

（四）肯尼亚优质 CTC 红碎茶

肯尼亚是一个新兴的产茶国，它地处热带高原，气候温暖，雨量充沛，适宜于茶树生长，而当地栽培的茶树多为优质的无性系良种。近些年来，该地采用先进的洛托凡加 CTC 揉切机，快速高效的揉切技术，使茶叶发酵均匀而充分，茶黄素含量非常高；因而制成的红碎茶（图 9.20），汤色红艳明亮，滋味浓强鲜爽，是世界拍卖市场上公认的高档红碎茶。

图 9.20　肯尼亚红碎茶

（五）越南花茶

越南气候温暖，适于窨制花茶所需的各种香花生长。在这里生产的花茶，花香浓郁，且鲜灵度非常好，在市场上比较畅销。越南生产的花茶，主要有茉莉花茶、莲花茶等。

（六）马来西亚陈年普洱茶

马来西亚有许多华人、华侨，他们向来喜欢饮茶。20 世纪以来，不少老华侨爱上了普洱茶，于是便从中国购买了大量的普洱生茶，储存在马来西亚的仓库中。马来西亚气候温润，常年气温在 28 ～ 32℃，湿度在 70% 左右，这样的气候条件非常适合普洱生茶的后发酵。在马来西亚储存的普洱生茶，后发酵速度快，经仓储的普洱茶汤色红浓、陈香浓郁，品质非常好。

（七）英国川宁红茶、立顿红茶

英国虽然不产茶，但它有世界上知名的川宁红茶、立顿红茶。川宁红茶属于高品质红茶，是英国王室的御用茶，也是世界各地高端人群的日常饮品。立顿红茶在老百姓的心中也有相当高的地位，是国际上的大众消费产品，也是世界畅销的适合大众消费的红茶品牌。川宁和立顿都是世界红茶的拼配产物，适合加奶、加糖调和饮用。

（八）阿根廷马黛茶

马黛茶是用马黛茶树嫩梢制作而成。它是一种与冬青科大叶冬青近似的多年生木本植物，实为非茶之茶。马黛茶树一般高 3～6m，野生的可达 20m，树叶翠绿，呈椭圆形，主要生长于南美洲，被阿根廷人称为"国宝"，制成的马黛茶是一种植物健康饮品。

三、世界茶叶贸易与消费

中国与世界各国进行茶叶贸易已有很长的历史，特别是唐代以来，随着中外经济、文化交流的活跃，中国茶叶对外贸易实力不断加强。如今，世界各国、各地区之间的茶叶贸易已成为一种常态。总的来说，近 10 年来，全球茶叶消费量发展平稳，稳中有升。

🎥 世界茶叶贸易与消费

（一）新世纪世界茶叶贸易趋势

进入 21 世纪，世界茶叶出口和进口一样，保持平稳增长。

1. 茶叶出口

2022 年，世界茶叶出口总量为 182.7 万吨。红茶为最大宗，占国际贸易总量的 70% 左右，绿茶占国际贸易总量的 20% 左右，其他茶类（如乌龙茶、黑茶、白茶、花茶等）占 10% 左右。

但是，世界茶叶出口量与茶叶产量的比例呈逐年下降趋势。2005 年，出口量占生产总量的 44%，到了 2022 年只占到了 28.6%，这进一步显露了世界茶叶产大于销的矛盾。

世界茶叶出口总量中，肯尼亚的出口量（45.6 万吨）最大，占世界茶叶出口总量的 25.0%；中国（37.5 万吨）和斯里兰卡（24.7 万吨）的出口量，占世界茶叶出口总量的 34.0%；印度（22.4 万吨）和越南（14.0 万吨）的出口量，占世界茶叶出口总量的 19.9% 左右。上述五个国家的茶叶出口总量占到世界茶叶出口总量的 80%。

从世界范围看，亚洲茶叶出口量占全球茶叶出口量的 60% 左右。非洲茶叶出口量约占全球茶叶出口量的 35%。其他国家和地区的茶叶出口量仅占全球茶叶出口量的 5% 左右。

2. 茶叶进口

2022 年，全球茶叶进口量为 170.7 万吨，较 2021 年减少 5.7%。2022 年，全球茶叶进口量排名前 5 位的国家，依次是：巴基斯坦（23.6 万吨）、俄罗斯（13.6 万吨）、美国（12.0 万吨）、英国（10.0 万吨）和埃及（7.2 万吨）。

（二）新世纪世界茶叶消费趋势

随着世界茶叶的产量逐年上升，世界茶叶消费也保持增长的态势。

1. 世界茶叶消费持续增长

据国际茶叶委员会统计，2005 年，世界茶叶消费量为 344.0 万吨，到 2014 年，世界茶叶消费量达到 476.4 万吨，比 2005 年增长了 132.4 万吨，增速达 38.5%。

2020 年，世界茶叶消费量排名前 5 位的国家依次是：中国（245.0 万吨）、印度（106.2 万吨）、土耳其（27.0 万吨）、巴基斯坦（25.2 万吨）和俄罗斯（14.2 万吨）。

2. 世界人均饮茶量仍然较低

21 世纪初，根据欧睿国际统计的数据，中国消费的茶叶量是 16 亿磅，位居世界第一。但如果按人均每年的茶叶消费量来看，中国的名次远远落后于其他国家。2018 年数据显示，世界上年人均茶叶消费量最高的国家是土耳其，年人均消费量是 3.04 千克；排名第二的是利比亚，年人均消费量是 2.80 千克；第三是摩洛哥，年人均消费量是 2.04 千克。而中国的年人均茶叶消费量为 1.48 千克，排名第七。

从年人均消费情况来看，全球茶叶生产大国（中国、印度、肯尼亚）的年人均消费量都不大。2012—2014 年，中国、印度、肯尼亚的人均消费茶叶量，分别为 1.14 千克、0.74 千克和 0.65 千克，印度尼西亚更低，仅为 0.34 千克。但是中国大陆地区人均茶叶消费增长速度较快，到 2020 年已经上升到世界第 6 位。

3. 世界茶叶消费国家和茶类

近年来，在中国茶文化广泛传播、绿茶保健功能不断揭示和宣传推广、世界卫生组织推荐，以及以喝绿茶为主的西非、北非国家经济好转、消费能力提高的影响下，世界绿茶消费量正在逐渐攀升。

特种茶、黑茶类的出口，受传统饮茶习惯的影响，区域消费明显，因此出口量一直增长缓慢，但有着较大的潜力和拓展的空间。

第三节　各具特色的世界茶文化面貌

一、世界饮茶区域特色

如今，源于中国的饮茶文化，早已在世界五大洲生根开花，茶已成为全球三大传统饮料（茶叶、咖啡和可可）之首，是一种仅次于水的、大众化、有益于身心健康的绿色饮料。世界卫生组织还向世界各国人民推荐：茶是最合卫生的国际六大保健饮料之一。这六大保健饮料是指绿茶、红葡萄酒、豆浆、酸奶、骨头汤和蘑菇汤。

世界饮茶区域特色

据国际茶叶委员会的统计，世界茶叶消费总量：2005 年为 344 万吨，2020 年 588 万吨，15 年间增加了 244 万吨，增长率为 70.4%。另据 2018 年统计数据，世界茶叶年人均消费量排名前 3 位的国家分别为土耳其（3.04 千克）、利比亚（2.80 千克）、摩洛哥（2.04 千克）。

追根穷源，这些国家的饮茶习俗，都直接或间接地出自中国。饮茶文化传播到世界各地后，又加入了各国自身的文化元素，从而使饮茶风情变得更加多姿多彩。长期持续的发展，使全球的饮茶文化形成了各具特色而又相对一致的五个主要饮茶特色区域。

（一）以东北亚的中国、日本、韩国等国家为代表的清饮法区域

东北亚由于地处茶树原产地及其周边地区，文化交流密切，是东方文化中最具有代表性的区域。饮茶文化至少具有 4 个共同特点。

历史悠久：饮茶历史都在千年以上。

推崇清饮法：除蒙古国和中国西部地区外，都推崇清茶一杯。清饮法就是直接用沸水冲泡茶，不加任何其他物质调味。它追求的是茶的本味真香，所呈现的就是茶的本来面目。这种饮茶法对茶叶品质要求较高，多出现在茶树原产地及周边国家与地区。

普遍崇尚绿茶：除蒙古国及中国西部地区有饮黑茶的习惯以外，其他国家和地区大都习惯于饮绿茶。

饮茶氛围浓：生活离不开茶。

（二）以西欧的英国、荷兰、法国等国家为代表的调饮法区域

西欧国家，以及大洋洲、北美、东非、南亚等地区的诸多国家，多受英式饮茶法影响，调饮法在这些地区十分常见。调饮法需要在茶叶沏泡的过程中添加一些既能调味又有营养的辅料，有些辅料还具有保健作用。常见的辅料有柠檬、薄荷、牛奶、蜂蜜、花果、白糖等。

西欧人习惯于饮红茶，如今已是红茶的最大消费区。西欧人大多崇尚滋味强烈鲜醇、色泽红浓的红碎茶，尤以饮红茶中加糖和牛奶的调饮茶为主。

曾经优雅的英式下午茶与浪漫的法式茶会是上流社会的专利（图 9.21），而如今，茶在这一地区已渗透到社会的每个角落、每个阶层。可以说，茶的身影在西欧是无处不在的，随处可以闻到茶的芳香。

（三）以中东的伊朗、伊拉克、土耳其、科威特等国家为代表的甜饮法区域

中东是连接欧亚的交通枢纽，受多种文化的影响，当地的饮茶文化变得十分奇特。

中东地区大部分属热带沙漠气候，人民大多信奉伊斯兰教，以食牛、羊肉为主，而茶有解渴、助消化、补营养等作用，正好为当地人民改善生活品质提供了良好的饮食补充。

另外，这些地区的人民大多喜欢饮红茶，并在茶中加糖块，调制成甜味茶饮用，这是中东地区国家饮茶的共同点（图 9.22）。

与此相同的，还有北非和西非国家，他们崇尚的虽是清凉解渴的绿茶，但依然不忘在绿茶中加入糖，调成甜绿茶或薄荷甜绿茶饮用。

（四）以东南亚的新加坡、马来西亚、印度尼西亚等国家为代表的多饮法区域

东南亚又称南洋，与中国相邻，是世界上华人、华侨聚集最多的地区之一，饮茶带有明显的闽粤风味，即福建和广东的风俗习惯，乌龙茶在这些地区很受欢迎。

近代以来，在西方文化的强烈冲击下，调饮法也逐渐进入了人们的生活当中。

另外，东南亚也是世界上民族最复杂的地区之一，每个民族都有自己的生活习性，而相互交替的结果，就构成了千姿百态的饮茶习俗。

图 9.21　英国贵妇的下午茶

图 9.22　土耳其茶与茶糖（土耳其驻华大使馆 图）

饮茶的种类，有饮红茶、绿茶、普洱茶的，也有饮乌龙茶、花茶的。

饮茶的方法，有崇尚清饮的，也有采用调饮的；有推崇热饮的，也有钟情冷饮的。此外，这些地方还有一些特色的饮茶方式，如新加坡的肉骨茶、马来西亚的拉茶（图 9.23）、印度尼西亚的凉茶、缅甸的腌茶等，各领风骚。

（五）以南美的阿根廷、巴西、巴拉圭等国家为代表的代饮法区域

南美洲国家，由于长期受殖民统治，饮茶不仅带有欧美等国的印记，还深嵌本地民族的印痕。时至今日，当地生产的代用茶仍有相当广阔的市场，如墨西哥人喜爱的仙人掌茶与玫瑰茄茶、阿根廷著名的马黛茶等。

图 9.23　马来西亚拉茶大赛（新华社 图）

二、世界饮茶方式

自从茶进入人们生活以后，茶就与世界各国人民结下了不解之
缘。各国结合本民族的风土人情、历史文化、地理环境，乃至人民的
宗教信仰、生活习惯等，使饮茶方式变得异彩纷呈，如中国的茶艺、
日本的茶道、英国的下午茶、韩国的茶礼、美国的冰茶、俄罗斯的甜
茶、印度的舔茶、西非的薄荷茶等，它们都是富含民族风情和地域特
色的饮茶文化。

世界饮茶
方式

尽管世界各国饮茶方式千变万化，风采各异，但如果把各种饮茶方式归纳起
来，不外乎三种方法：一是清饮法，二是调饮法，三是拼饮法。

（一）具有东方情调的清饮法

清饮法，就是先将茶直接放入壶或杯中，再用沸水冲泡，而后直接饮用，无
须添加任何其他调味佐料。

清饮法追求的是茶的真香真味，要的是茶的原汁原味，呈现的是茶的本来面
貌。正如一位天生丽质的美人，不需要后天的改造，就能散发出自然的韵味。

这种饮茶方法，多呈现在茶树原产地及其周边国家，主要流行于东北亚地区
的一些国家，诸如中国、日本、韩国以及东南亚的一些国家。

在中国：长江中下游地区以饮名优绿茶为主，而北方地区饮的多数是绿茶与花
茶，闽粤台地区崇尚饮乌龙茶，西北地区爱喝浓香型的炒青绿茶，西南地区好饮
绿茶和普洱茶，但崇尚的都是用清饮法饮茶。只有在中国西南、西北少数民族和
游牧民族地区，有加奶、加盐调饮茶的风俗习惯。

在日本：推崇饮有"三绿"（干茶绿、汤色绿、叶底绿）特点的蒸青绿茶。饮
茶方法在向两个方向发展：一是在一些重要的活动中，推崇茶道待客；二是生活饮
茶，提倡直接用整叶散茶冲饮。此外，在日本虽然也有人喜欢饮乌龙茶、红茶，
但普遍喜欢用清饮法饮茶。

在韩国：因受中国和日本双重文化影响，在全国范围内提倡饮茶讲修养的"茶
礼"。这种饮茶方式虽然不像中国人日常饮茶那样随意，却也不似日本茶道那样循
规蹈矩，充满仪式感。韩国多饮绿茶、红茶、乌龙茶、普洱茶等，但大都喜欢用
清饮法饮茶。

在东南亚：有 10 多个国家，这里较多的是华裔，受中国文化影响，大都喜好用清饮法饮乌龙茶，也有清饮红茶、普洱茶、绿茶的。不过，受到西方文化的冲击，也有不少人崇尚的是用调饮法饮茶，如饮牛奶甜红茶等。

（二）富含西方理念的调饮法

茶的沏泡过程中添加了一些既调味又富含营养，并有保健作用的调料，饮用的是包括茶在内的混合饮品。其中，用来调味的主要有食盐、奶乳、蜂蜜、白糖等。用调饮法沏泡的茶，又有甜味调饮法和咸味调饮法之分。

甜味调饮法：主要有甜味绿茶和甜味红茶两种。在欧洲、南美洲、大洋洲、东非以及南亚等地，主要崇尚的是在红茶中加牛奶、糖的牛奶甜红茶。特别是以英式下午茶为代表的甜味牛奶红茶，在这些地区广为流传。

咸味调饮法：主要有蒙古国、中国西部的少数民族地区，以及缅甸、老挝等国家的部分地区。如蒙古族的咸奶茶（图 9.24）、藏族的酥油茶（图 9.25）等。

图 9.24　蒙古族咸奶茶　　　　　图 9.25　藏族酥油茶

（三）迎合时尚风云的拼饮法

用拼饮法沏茶，就是将茶、花草和各类干果、鲜果按一定比例拼配在一起，通过沏泡和煮沸等方法制作后直接饮用。

这种茶如果用眼品，则十分养眼；用鼻品，则香气宜人；用口品，则别有风味。它兴起于 20 世纪末，主要流行于欧美一些国家，受到女士、青年人的青睐。尤其是在西欧诸国，这种用花草、干果拼配而成的茶，几乎随处可见（图 9.26）。

图 9.26　工艺花茶

三、中国饮茶区域风情

中国饮茶区域风情

中国地域辽阔，由于各地所处地理环境、历史文化不同，生活习惯各异，有"千里不同风，百里不同俗"的说法。中国是统一的多民族国家，各民族有着不同的风俗。饮茶风俗是某一地区在长期饮茶的过程中逐渐形成的风尚、礼节、习惯、禁忌等。在中国 5000 多年的饮茶历史中，各民族、各地区形成了广而多、繁而杂的茶俗。一方水土养一方人，不同地区的人对饮茶的追求也不尽相同，如此便形成了不同的饮茶地域风情。现选择几个有代表性的地区，分别简述如下。

（一）江浙沪的品

江苏、浙江、上海一带地处长江中下游，其地理优势在明清时期便已显露出来，沿海地区商业贸易迅速发展，城市繁荣，经济比较发达，人们生活水平也比较高，形成了细腻、婉转、雅致、清新的文化特色，这在饮茶文化上也有体现。江浙沪人民习惯饮名优茶，譬如西湖龙井、洞庭碧螺春、黄山毛峰、六安瓜片、太平猴魁、安吉白茶等。这些名优绿茶，都具欣赏价值。饮茶用水，强调以山泉水为上；饮茶容器，多选用玻璃杯或白瓷杯。

至于品茶，要求眼品观其形，鼻品闻其香，口品尝其味。品茶时，还要求做到小口、细啜、缓咽，要求从茶的色、香、味、形等各个方面，全方位汲取其精华。

（二）北方的喝

北方主要是指黄河流域以北的华北地区，以及东北三省。这里古时农业经济较为繁荣，明清以来城市化发展速度快。饮食文化上，汉满蒙食风、食俗相融。所以在历史上，北方饮茶氛围虽浓，但比较随意，没有固定的饮次，习惯于随遇而安，要的是大碗、快饮、急饮，要求的是生津解渴。北方人饮茶，喝得最多的是大宗绿茶、茉莉花茶，甚至茶叶片末。北方人的饮茶习惯也与他们

图 9.27　北方街头人民喝大碗茶（20 世纪 80 年代）

的性格相符，习惯大碗喝茶（图 9.27），北京大碗茶是其中的典型代表。大碗茶强调沸水沏茶，讲究"以极沸之水烹茶犹恐不及，必高举水壶直注茶叶，谓不如是则茶叶不开"。如此沏茶，茶水又香又浓，能提神、解渴，最能满足劳动人民的生理需求。

历史上，东北地区的人民，特别是在寒冬季节，还喜欢共饮一壶茶，不分你我他，如此随饮闲聊，好不逍遥自在。

（三）闽粤台的啜

福建、广东、台湾一带，民风民俗相似，最具代表性的就是啜工夫茶。啜工夫茶是从吃开始，要细嚼慢咽，从小杯中啜出个中滋味。

啜工夫茶，选的是上好的凤凰单丛、武夷岩茶、安溪铁观音等。潮汕人啜工夫茶最为讲究（图9.28），要做到茶好、水好、火好、器好。烧火用的是潮汕风炉，烧水

图 9.28　潮州人啜工夫茶

用的是玉书碨，沏茶用的是孟臣罐，啜茶用的是枫溪小杯。还特别强调技法，如沏茶时采用的是狮子滚绣球、关公巡城、韩信点兵等。啜茶时口中来回滚动，全方位体验。这些啜茶技艺，可谓独树一帜。

（四）西北的调

西北主要是指陕西、甘肃、青海、宁夏、新疆和内蒙古地区。这一地区纬度较高，气候干燥，许多地方处于戈壁沙漠，又多是牧区，所以当地人民以食牛、羊肉为主，粮、菜为辅，习惯于饮茶助消化、补充营养，主要饮用调味茶。

在陕、甘、宁一带居住着众多回族人民，他们饮茶时习惯于将红枣、桂圆、枸杞、炒米等多种土特产和茶拼配成八宝茶（图 9.29）。此外，当地还有喝罐罐茶的习惯，认为喝罐罐茶有四大好处：提精神、助消化、去病魔、保健康。

新疆人习惯于饮奶茶或香茶，饮茶时喜欢同时吃馕，如此饮茶，有助于消化。

（五）西南的古

西南地区是指云贵川渝地区。这里是茶的原产地，又是少数民族的集中居住地。时至今日，居住在西南边境以及大山深处的少数民族，用茶做菜、以茶为食、吃茶治病的风俗，依然随处可见。

如哈尼族的烤茶、景颇族的竹筒腌茶、德昂族的酸茶、基诺族的凉拌茶、苗族的油茶、土家族的擂茶等，这些茶与其说是一种饮料，倒不如说它是一道菜或一道点心可能更为贴切。

更奇特的是纳西族的"龙虎斗"，它是将茶酒相融，在当地还是用来治感冒的良药！

图 9.29　宁夏八宝茶

（六）岭南的吃

在岭南一带，包括香港、澳门特别行政区在内，有吃早茶的风俗。早茶具有茶饮、茶食，是饮茶文化和饮食文化的最佳融合。早茶，俗称"一盅两件"，其意是一盅茶，两件或几件点心，既可润喉清肠，又能填肚充饥，这里的人们大多选择在早上上茶楼饮用。

其实，除早茶外，还有午茶和晚茶，但最盛行的还是早茶。

四、绿意葱茏的日本茶

（一）日本茶分类

日本不像中国有六大茶类这么丰富，在日本出产的茶叶超过九成都是绿茶，但其绿茶分类极其细致，有一套专门的体系。主要来说，按栽培方式不同，可分为覆盖栽培茶和露天栽培茶两种。

📷 绿意葱茏的
日本茶

1.覆盖栽培茶

覆盖栽培茶就是在茶树新芽开始长出的时候，搭上稻草、遮光布、遮阳板等进行一段时间的覆盖，避免茶芽被阳光直射，使得鲜叶中茶氨酸、叶绿素含量更为丰富，这样制备出来的茶叶在滋味方面就更加鲜爽和醇厚，所以覆盖栽培的基本都是等级比较高的绿茶。

其中，玉露是日本茶中最高级的茶品，对茶树生长要求非常高。在新芽采摘前3周左右，茶农就会给整个茶田盖上遮蔽物，使得茶树能够长出柔软的新芽。遮光率在初期达70%左右。玉露的滋味是明显的鲜和甜，涩味较少，香气接近优质的青海苔。玉露在冲泡方面也很有讲究，一定要用低温热水，一般50～60℃的水温最适宜。千万不能用普通绿茶的高温泡法，温度太高会影响茶叶本身的鲜爽味。

同样采用覆盖栽培法的还有抹茶。抹茶不仅可以直接用于冲泡调饮，也可作为加工蛋糕、冰激凌、饼干等食品的原料。市面上抹茶价格差别非常大，十几元到上百元都有，其价格的差别主要体现在原料的选择上。正规的日本抹茶栽培过程中，茶树要求遮光，目的是使叶片中产生更多的茶氨酸和叶绿素。而且茶芽的采摘时间、叶片大小等都有非常严格的要求。采下的嫩芽还要剔除叶脉、筛掉叶梗，烘干后用特制石磨在低温除湿的环境下碾磨成粉末，这在很大程度上保持了茶叶的色泽和有效成分。覆盖栽培、蒸汽杀青和手工石磨等都是区分抹茶品质的重要依据，经历了这么多复杂程序所加工出来的正宗日本抹茶，自然价格昂贵，所以说日本抹茶是很珍贵的茶礼。

市面上的一些便宜的所谓"抹茶"，很多是直接用现成的绿茶磨成粉，栽培过程中没有覆盖种植，没有手工石磨，就是一般的绿茶用机械进行粉碎，原料成本和加工工艺成本都要低很多，虽都叫抹茶但是价格相差悬殊。我们在购买时要注意区分抹茶和绿茶粉。一般从颜色上看，抹茶是深绿或者墨绿色，而绿茶粉则相对偏黄或者绿褐色。气味上也有差别，抹茶有清新的海苔味或者粽叶香，而绿茶粉主要是青草气。另外还可以观察其细度，抹茶会更加细腻一些，可以直接冲泡饮用，高品质抹茶一般用于茶道点茶。但是如果仅仅用作烘焙原料，比如做饼干、蛋糕，也可用绿茶粉代替，大家可以按需选购。如果直接饮用抹茶的话，则同样水温不能太高，基本上控制在 70 ～ 80℃为宜，天气炎热的夏天也可以直接用冷水冲泡，口感特别清爽。

2. 露天栽培茶

与遮阴覆盖的高档茶相比，露天栽培茶在价格上相对要低很多，也更为常见。其中最具代表性的就是煎茶，煎茶是日本最普遍的日常用茶，占80%以上。茶树露天栽培，生产出来的茶在滋味上比玉露涩一点，冲泡水温也更高一些，为70 ～ 90℃。露天栽培的茶树按照不同的采摘标准和等级，分为玉绿茶、番茶等。一般等级越低的茶，所用的冲泡水温就越高，像番茶应用 100℃的沸水进行冲泡，茶的滋味也偏浓重。

除以上两种类型之外，日本茶也非常讲究物尽其用，加工玉露、抹茶等剩下的卷曲的小芽、茎之类，还会被加工成芽茶、茎茶、粉茶，把煎茶、番茶等放到锅里炒，有熏香和炒香，这就成了焙茶。如果把糙米炒香和茶混在一起，就成了很多人非常喜欢的玄米茶（图 9.30 ）。

（二）日本茶产区

日本茶产区，主要分布在静冈、鹿儿岛、三重县、埼玉县、京都府、福冈县等地。

日本茶园管理的现代化水平很高，机械化很全面，而且茶园周围往往集中着一些研究机构、茶企和茶旅游设施等。日本茶园是非常值得一去的景点。

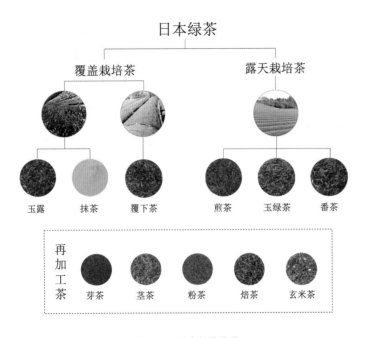

图 9.30　日本绿茶分类

五、优雅复古的英式下午茶

（一）英国下午茶的兴起

追溯英国饮茶之风的盛行，必不可少的一个人物就是葡萄牙公主凯瑟琳（图 9.31）。凯瑟琳公主非常喜欢喝茶，在嫁给英国国王查理二世的时候，陪嫁带去了很多红茶和精美的中国茶具。之后当上王后的凯瑟琳，开始用这些茶叶和茶具在宫廷里面以茶待客，引起大家的纷纷效仿，茶很快就成为英国的宫廷饮料，人们也将凯瑟琳称为"饮茶王后"。

▶ 优雅复古的
英式下午茶

英国东印度公司在 1664 年采购了 100 磅茶叶作为礼物送给凯瑟琳，此后东印度公司开启了茶叶贸易的大规模扩张，在伦敦建立了世界上最早、最大的茶叶市场。整个英国几乎人人都喝茶，是当之无愧的饮茶王国。

在凯瑟琳王后的推动下，饮茶之风先是在英国王室迅速盛行，此后的伊丽莎白一世、威廉三世等也都非常喜欢饮茶，继而又从王室扩展到王公贵族和富豪世家及至普通百姓。

图 9.31　葡萄牙公主凯瑟琳　　　　　图 9.32　英式茶歇裙

如今广为人知的英式下午茶是 19 世纪由贝德芙公爵夫人安娜女士开创的。当时英国人的进食习惯是早餐很丰盛，午餐比较简单，基本要到晚上 8 点左右才食用晚餐。由于午餐和晚餐相隔太久，下午很容易饿，于是贝德芙公爵夫人每到下午四五点左右，便让女仆准备一些面包、奶油和茶送到她房间，也会招待朋友们一起喝茶、聊天。本来只是为了垫垫肚子，但慢慢地她邀请朋友一起品茶、用茶点的习惯就传播开了，成为王公贵族的生活习惯，也为他们提供了一种社交的渠道，这便是我们所说的英式下午茶的雏形。

（二）英式下午茶的讲究

1. 着装

当时的英国宫廷女子穿得都非常隆重，有各种蕾丝、荷叶边、缎带、立领、公主袖等，还会有一个巨大的裙撑（图 9.32），再配上紧身的胸衣，就是当时标配的宫廷款式。而且她们往往在一天之内要换好多套，分晨装、日装、晚装，不同的场合也要穿不同的服饰。下午茶会的服饰也有专门的要求，一般男士需要穿燕尾服，女士穿长裙。这些礼仪大部分还延续至今，现在如果受邀参加正式的英式下午茶会，同样需要盛装出席。

2. 茶点

英式下午茶配的点心也很讲究（图 9.33），典型的是英式三层塔点心，从下往上依次放置了从咸到甜的三类茶点。底层是咸的，一般是清新开胃的三明治；中间层是温热酥松的司康饼，配上草莓果酱和凝脂奶油；顶层是一些精致的小甜点，比如马卡龙、水果塔等。吃的顺序也有讲究，传统的吃法是从下往上，从咸到甜。先从咸味的三明治吃起，一般是很小的三明治，可以直接用手拿着吃。然后是司康饼，可以直接用手掰成两半，用小勺舀出奶油涂在司康饼上，送到嘴里。

3. 用茶

英式下午茶中饮用的茶以红茶为主，其中往往加入牛奶、糖等进行调饮。喝茶时拿杯子的手势、茶具的摆放、餐巾的用法、喝茶的动作等也都有严格的规范。

图 9.33　英式下午茶点

（三）英式下午茶对英国茶叶经济的影响

随着英式下午茶的风靡，英国茶叶需求量越来越大，给茶叶贸易商带来了广阔的商机。最初，英国的茶叶都是从中国进口的，因为路途遥远，所以价格昂贵，老百姓很难消费得起。为此，英国商人开始把中国茶树移植到英国殖民地，包括印度、斯里兰卡和非洲一些国家，以改变当时对华茶的依赖。因为这些地方的环境和气候都非常适合茶树的生长，茶树在当地长势喜人、蓬勃发展，直到今天，印度、斯里兰卡、肯尼亚等国，都是世界上主要的产茶大国和重要的茶叶出口国。比如印度的阿萨姆，降水充沛，气候温暖，出产的茶叶产量占印度茶叶总量的六成以上。茶叶一般是加工成红碎茶，很适合西方人袋泡茶的品饮习惯。除了阿萨姆外，印度的大吉岭同样也是世界红茶的重要产区。一般阿萨姆主要生产平价的口粮茶，大吉岭则主要出产高档红茶，年产量虽然比较低，但地位相对更尊贵一些。

总体而言，英式下午茶中比茶叶口感更重要的是它的仪式感，以及它所营造的精致的生活方式。

思考题

9.1　支持中国西南地区是茶树的原产地的依据有哪些？

9.2　古代茶叶对外传播的方式有哪些？

9.3　日本抹茶与普通的绿茶粉有什么区别？请从原料、工艺、品质和用途等方面详细说明。

9.4　简述英式下午茶中茶和点心的选择与搭配重点。

9.5　简述世界不同的饮茶方式。

章节测试

参考文献

[1] 中国茶叶流通协会 . 2021 中国茶叶行业发展报告 [M]. 北京：中国轻工业出版社，2021.

[2] 周国富 . 世界茶文化大全 [M]. 北京：中国农业出版社，2019.